Das Tierreich

Eine Zusammenstellung und Kennzeichnung der rezenten Tierformen

Gegründet von der Deutschen Zoologischen Gesellschaft

Im Auftrage der

Preußischen Akademie der Wissenschaften zu Berlin

herausgegeben von

F. E. Schulze (†), W. Kükenthal (†), K. Heider (†)

fortgesetzt von **R. Hesse**

Schriftleiter: **C. Apstein**

„Πάντα ῥεῖ“ *„Sine systemate chaos“*

67. Lieferung

Pisces 4

Ganoidei

bearbeitet von

Dr. Maximilian Holly
Wien

Mit 56 Abbildungen

Berlin und Leipzig 1936
Walter de Gruyter & Co.
vormals G. J. Göschen'sche Verlagshandlung — J. Guttentag, Verlagsbuchhandlung Georg Reimer — Karl J. Trübner — Veit & Comp.

Ausgegeben Oktober 1936

Das Tierreich

Im Auftrage der

Preußischen Akademie der Wissenschaften zu Berlin

herausgegeben von

F. E. Schulze (†), W. Kükenthal (†), K. Heider (†)

fortgesetzt von **R. Hesse**

Schriftleiter: **C. Apstein**

---

67. Lieferung

Pisces 4

Ganoidei

bearbeitet von

Dr. Maximilian Holly
Wien

Mit 56 Abbildungen

Berlin und Leipzig 1936
Walter de Gruyter & Co.
vormals G. J. Göschen'sche Verlagshandlung — J. Guttentag, Verlagsbuchhandlung
Georg Reimer — Karl J. Trübner — Veit & Comp.
Ausgegeben Oktober 1936

Archiv-Nr. 52 48 86

Inhalt

Die Literatur wurde bis Mitte 1936 berücksichtigt.

Printed in Germany
Druck: August Hopfer, Burg b. M.

Literatur-Kürzungen

Abh. Ak. Berlin — Abhandlungen der Königlichen Akademie der Wissenschaften zu Berlin. Berlin. 4.

Agassiz, Lake Sup. — Lake Superior: its physical Character, Vegetation and Animals, compared with those of other and similar Regions. By Louis Agassiz. With a Narrative of the Tour, by J. Elliot Cabot and Contributions by other scientific Gentlemen. Boston. 1850. 8.

Agassiz, Nomencl. zool. — Nomenclator zoologicus, continens Nomina systematica Generum Animalium tam viventium quam fossilium. Auctore L. Agassiz. 1 Vol. & Index universalis. Soloduri. 1842—46, 46. 4.

Agassiz, Rech. Poissons foss. — Recherches sur les Poissons fossiles, comprenant . . . par Louis Agassiz, . . . Ouvrage couronné par la Société géologique de Londres. *v.* 1—5. Neuchâtel et Soleure. [Text & Atlas]: 1833—43[44]. 4.

Amer. monthly Mag. — The American monthly Magazine and critical Review. New York. 8.

Amer. Natural. — The American Naturalist. Salem (Philadelphia) (Boston). 8.

Ann. nat. Hist. — The Annals and Magazine of natural History, including Zoology, Botany, and Geology. London. 8.

Ann. N. York Ac. — Annals of the New York Academy of Sciences, late Lyceum of natural History. New York. 8.

Ann. Sci. nat. — Annales des Sciences naturelles. — [Sér. 2—4:] Zoologie ([Sér. 5 & sequ.:] Zoologie et Paléontologie). Paris. 8.

Ann. Soc. zool. Belgique — Annales de la Société Royale zoologique et malacologique de Belgique. Bruxelles. 8.

Annuaire Mus. St.-Pétersb. — Annuaire du Musée zoologique de l'Académie Impériale des Sciences de St.-Pétersbourg. St.-Pétersbourg. 8.

Ann. Wien. Mus. — Annalen des Wiener Museums der Naturgeschichte. Wien. 4.

Antipa, Fauna Ichtiol. României — Fauna Ichtiologică a României de Dr. Gr. Antipa. Academia Română publicaţiunile Fondului Vasile Adamachi. Nr. 16. Bucureşti. 1909. 4.

Arb. ichthyol. Abt. Russ. Ges. Akklim. — Trudy Otdjela ichtiologii Imperatorokago Russkago Obschtschestwa Akklimatisazii Ischiwotnych i Rostenij. [Arbeiten der ichthyologischen Abteilung der Kaiserl. Russ. Gesellschaft der Akklimatisation der Tiere und Pflanzen.] Moskau. 8.

Arch. Naturg. — Archiv für Naturgeschichte. Berlin. 8.

Artedi, Gen. Pisc., ed. 1792 — Petri Artedi, Sveci Genera Piscium. In quibus Systema totum Ichthyologiae proponitur, cum Classibus, Ordinibus, Generum Characteribus, Specierum Differentiis, Observationibus plurimis. Redactis Speciebus 242 ad Genera 52. Ichthyologiae. Pars III. Emendata et aucta a Johanne Julio Walbaum. Grypeswaldiae. 1792. 8.

Atti Sci. Ital. — Atti della . . . Riunione (Adunanza) degli Scienziati Italiani tenuta in Pisa (Torino . . .). Pisa (Torino . . .). 4.

Baird-Heck, Iconogr. Enc. — Iconographic Encyclopedia of Science . . . By J. G. Heck, translated, with Additions, by Spencer F. Baird. New York. 4.

Beitr. Landesk. Oesterr. — Beitrag zur Landeskunde Oesterreichs unter der Enns. Herausgegeben auf Veranlassung der Niederösterreichischen Stände von einem Vereine für vaterländische Geschichte, Statistik und Topographie. Wien. 8.

Beitr. Russ. Reich. — Beiträge zur Kenntnis des Russischen Reiches und der angrenzenden Länder Asiens. Herausgegeben von Karl E. von Baer und Gr. von Helmersen | [ser. 2:] G. von Helmersen und L. von Schrenck [ser. 3:] L. von Schrenck und C. J. Maximovicz. St. Petersburg. 8. *v.* 1—26: 1839—71. ser. 2 *v.* 1—9: 1879—86. ser. 3 *v.* 1—7: 1886—90.

Berg, Poissons U.R.S.S. — L. S. Berg, Les Poissons des eaux douces de l'U.R.S.S. et des Pays limitrophes. 3. Édition, revue et augmentée. Partie I, II. Leningrad. 1932, 33. 8.

Ber. Int. Fisch.-Kongr. Wien — Die Störe und ihre Wanderungen in den Europäischen Gewässern mit besonderer Berücksichtigung der Störe der Donau und des Schwarzen Meeres. Bericht an den Internationalen Fischerei-Kongress in Wien 1905. Von Gr. Antipa. Wien. 1905. 8.

Bloch, Naturg. Fische Deutschl. — Marcus Elieser Bloch's oeconomische Naturgeschichte der Fische Deutschlands. Theil 1—3 & Atlas. Berlin. 1782—84. 4.

Bloch-Schneider, Syst. Ichthyol. — M. E. Blochii Systema Ichthyologiae Iconibus CX illustratum. Post Obitum Auctoris Opus inchoatum absolvit, correxit, interpolavit Jo. Gottlob Schneider. Berolini. 1801. 8.

Icones CX Systema Ichthyologicae M. E. Blochii illustrantes.

Bogdanow, Oase Chiwa — M. Bogdanow, Otscherki prirody Chiwinskago oasisa i pustyni Kysil-kum. (Skizzen über die Natur der Oase Chiwa und der Steppen der Kysil-kum.) Taschkent. 1882. 8.

Bonaparte, Cat. Pesci Eur. — Catalogo metodico dei Pesci Europei di Carlo L. Principe Bonaparte. Napoli. 1846. 4. [& 1846 in: *Atti Sci. Ital.*, Adun. 7, *v.* 2].

Bonaparte, Consp. Syst. Ichthyol. — Conspectus Systematis Ichthyologiae Caroli-Luciani Bonaparte. Editio reformata. Lugduni Batavorum. 1850. 2.

Bonaparte, Iconogr. Fauna Ital. — Iconografia della Fauna Italica per le quattro Classi degli Animali Vertebrati di Carlo L. Principe Bonaparte. Tomo 1—3. Roma. 1832—41.[1]) 2.

Brandt & Ratzeburg, Med. Zool. — Medizinische Zoologie oder getreue Darstellung und Beschreibung der Thiere, die in der Arzneimittellehre in Betracht kommen, in systematischer Folge herausgegeben von J. F. Brandt und J. T. C. Ratzeburg. Band 1, 2. Berlin. 1829 (1827—29). 33 (1830—33). 4.

Browne, Hist. Jamaica, n. ed. — The civil and natural History of Jamaica. Containing I. An accurate Description of that Island, . . . II. An History of the natural Productions, . . . By Patrick Browne. Illustrated with forty-nine Copper Plates; in which . . . by George Dionysius Ehret. There are now added complete Linnaean Indexes, and a large and accurate Map of the Island. London. 1789. 2.

Bull. Ac. St.-Pétersb. — Bulletin de l'Académie Impériale des Sciences de St.-Pétersbourg. St.-Pétersbourg. 4 (8).

Bull. Allkasp. Fisch. Exp. — Bjulleten Wsekaspiskoj Nautschnoj Rybochos ja jstwennoj Ekspedizii. (Bulletin der Allkaspischen wissenschaftlichen Fischerei Expedition.) Baku. 8.

Bull. Buffalo Soc. — Bulletin of the Buffalo Society of natural Sciences. Buffalo. 8.

Bull. Illinois Labor. — Bulletin of the Illinois State Laboratory of natural History. Peoria, Springfield, Urbana. 8.

Bull. N. York Mus. — Bulletin of the New York State Museum. Albany. 8.

Bull. Soc. Moscou — Bulletin de la Société Impériale des Naturalistes de Moscou. Moscou. 8.

Bull. Soc. philom. — Bulletin des Sciences, par la (Bulletin de la) Société philomat(h)ique de Paris. Paris. 4 (8).

---

[1]) cfr.: Tommaso Salvadori 1888 in: *Boll. Mus. Torino*, *v.* 3 nr. 48.

Bull. U. S. Fish Comm. — Bulletin of the United States Fish Commission. Washington. 8.

Bull. U. S. Mus. — Bulletin of the United States national Museum. Washington. 8.

Catesby, Nat. Hist. Carolina, revis. ed. — The natural History of Carolina, Florida, and the Bahama Islands: containing the Figures of Birds, Beasts, Fishes, Serpents, Insects, and Plants: particularly, those not hitherto described, or incorrectly figured by former Authors, with their Descriptions in English and French. To which is prefixed, a new and correct Map of the Countries; with Observations on their natural State, Inhabitants, and Productions. By the late Mark Catesby. Revised by [George] Edwards. To the Whole is now added a Linnean Index of the Animals and Plants. Histoire naturelle de la Caroline, . . . [französische Titelübersetzung]. *v.* 1, 2. London. 1771, 71. 2.

Claus-Grobben-Kühn, Lehrb. Zool., ed. 10 — Lehrbuch der Zoologie. Begründet von C. Claus, neubearbeitet von Karl Grobben und Alfred Kühn. Zehnte neubearbeitete Auflage des Lehrbuches von C. Claus. Berlin und Wien. 1932. 8.

Claus, Grundz. Zool., ed. 2 — Grundzüge der Zoologie. Zum Gebrauche an Universitäten und höheren Lehranstalten sowie zum Selbststudium von Carl Claus. Zweite vermehrte Auflage. Marburg & Leipzig. 1872. 8.

Copeia — Copeia. A Journal of cold-blooded Vertebrates. Ann Arbor. Michigan. 8.

Cuvier, Règne an. — Le Règne animal distribué d'après son Organisation, pour servir de Base a l'Histoire naturelle des Animaux et d'Introduction à l'Anatomie comparée. Par [Georges] Cuvier. Tom. 1—4. Paris. 1817. 8.

Cuvier & Valenciennes, Hist. Poissons — Histoire naturelle des Poissons, par [Georges] Cuvier et par [Achille] Valenciennes. Tome 1—22. Paris. 1828—49. 8.

Dict. Sci. nat. — Dictionnaire des Sciences naturelles, ... Par plusieurs Professeurs du Jardin du Roi, et des principales Écoles de Paris. [Réd. par F. Cuvier.] *v.* 1—60; Planches. Strasbourg et Paris (Paris). 1816—30. 8.

Doderlein, Man. ittiol. Medit. — Manuale ittiologico del Mediterraneo ossia sinossi metodica delle varie specie di Pesci riscontrate sin qui nel Mediterraneo ed in particolare nei Mari di Sicilia pel P. Doderlein. Palermo. Parte 1: 1879—80; parte 2: 1881; fasc. 3: 1884; fasc. 4: 1889; fasc. 5: 1891. 8.

Duméril, Hist. nat. Poissons — Auguste Henri André Duméril, Histoire naturelle des Poissons, ou Ichthyologie générale. *v.* 1, 2 & Atlas. Paris. 1865—70. 8.

Duméril, Zool. anal. — Zoologie analytique, ou Méthode naturelle de Classification des Animaux, rendue plus facile à l'Aide de Tableaux synoptiques par A. M. Constant Duméril. Paris. 1806. 8.

Eichwald, Fauna Caspio-Caucas. — Fauna Caspio-Caucasia nonnullis Observationibus novis illustravit Carl Eduard von Eichwald. Petropoli. 1841. 2.

Eichwald, Zool. spec. — Zoologia specialis quam expositis Animalibus tum vivis, tum fossilibus potissimum Rossiae in Universum, et Poloniae in Specie, . . . edidit Eduardus Eichwald. Pars 1—[3]. Vilnae. 1829, 30, 31. 8.

Enc. méth. — Encyclopédie méthodique, ou par Ordre de Matière; par une Société de Gens de Lettres. Paris. 196 *v.*: 1782—1832. 4.

Fabricius, Syst. Ent. — Io. Christ. Fabricii Systema Entomologiae, sistens Insectorum Classes, Ordines, Genera, Species, adiectis Synonymis, Locis, Descriptionibus, Observationibus. Flensburgi et Lipsiae. 1775. 8.

Fauna Bor.-Amer. — Fauna Boreali-Americana; or the Zoology of the northern Parts of British America; containing Descriptions of the Objects of natural History collected on the late Northern Land Expeditions, under Command of Captain John Franklin by John Richardson. Assisted by William Swainson and William Kirby. *v.* 1—4. London. 1829—37. 4.

Faune Russie — Faune de la Russie et des Pays limitrophes, fondée principalement sur les Collections du Musée zoologique de l'Académie Impériale des Sciences de St.-Pétersburg. Rédigée par N. V. Nasonov. St. Petersburg. 8.

Forh. Skand. Naturf. — Forhandlingar vid de Skandinaviska Naturforskarnes . . . (Forhandlinger ved de Skandinaviske Naturforskeres . . .) Götheborg (. . .). 8.

Forsch. Fisch. Russl. — Issljedowanija o sostojanii rybolowstwa w Rossii. (Forschungen über den Stand der Fischerei in Russland.) St. Petersburg. 4.

Georgi, Reise Russ. Reich — Johann Gottlieb Georgi, Bemerkungen einer Reise im Russischen Reich im Jahre 1772. Herausgegeben von der Akademie der Wissenschaften St. Petersburg. 2 *v.* St. Petersburg. 1775. 4.

Giorn. arcad. — Giornale arcadico di Scienze, Lettere, ed Arti. Roma. 8.

Glasnik Naravosl. Družtva Zagreb — Glasnik hrvatskoga Naravoslovnoga družtva [Societas historico-naturalis Croatica]. Zagreb. 8.

Gmelin-Linné, Syst. Nat., ed. 13 — Caroli a Linné Systema Naturae per Regna tria Naturae, secundum Classes, Ordines, Genera, Species, cum Characteribus, Differentiis, Synonymis, Locis. Editio XIII, aucta, reformata. Cura Jo. Frid. Gmelin. — Tomus I. Pars 1–7. Lipsiae. 1788 [Pars 6 & 7: 1791, 92]. 8.

Gouan, Hist. Pisc. — Historia Piscium, sistens ipsorum Anatomen externam, internam, atque Genera in Classes et Ordines redacta. Accedunt ... Auctore Antonio Gouan ... Argentorati. 1770. 4. — [Tit. 2:] Histoire des Poissons, contenant la Description anatomique de leurs Parties externes & internes, & le Caractère des divers Genres rangés par Classes & par Ordres. Avec ... Par Antoine Gouan, ... Strasbourg. 1770. 4.

Gray, Ill. Ind. Zool. — Illustrations of Indian Zoology; chiefly selected from the Collection of Major-General Hardwicke. By John Edward Gray. *v.* 1, 2. London. 1830/32, 33/34. 2.

Gray, List Fish Brit. Mus. — List of the Specimens of Fish in the Collection of the British Museum. I. Chondropterygii (Editor:) John Edward Gray. London. 1851. 12.

Gronovius, Zoophyl. — Zoophylacium Gronovianum, exhibens Animalia Quadrupeda, Amphibia, Pisces, Insecta, Vermes, Mollusca, Testacea, et Zoophyta, quae in Museo suo adservavit, Examini subjecit, systematice disposuit atque descripsit Laur. Theod. Gronovius. Fasciculus 1—3. Lugduni Batavorum. 1781 (1763, 64, 81). 2.

Gronow, Cat. Fish Brit. Mus. — Catalogue of Fish collected and described by Laurence Theodore Gronow, now in the British Museum. London. 1854. 12.

Günther, Cat. Fish. Brit. Mus. — Catalogue of the Fishes in the British Museum by Albert Günther. *v.* 1—8. London. 1859—70. 8.

Hablizl, Phys. Beschr. Taur. Gebietes — Carl Hablizl, Fisitschesnoje opissanije Tawritscheskoj oblasti, po eja miestopolosheniju, i wsiem trjom tzarstwan prirody. (Physikalische Beschreibung des Taurischen Gebietes nach seiner Lage und allen drei Naturreichen.) St. Petersburg. 1785. 2.

Haeckel, Gen. Morphol. — Generelle Morphologie der Organismen. Allgemeine Grundzüge der organischen Formen-Wissenschaft, mechanisch begründet durch die von Charles Darwin reformierte Descendenz-Theorie, von Ernst Haeckel. *v.* 1, 2. Berlin. 1866. 8.

Haeckel, Syst. Phyl. — Systematische Phylogenie. Entwurf eines natürlichen Systems der Organismen auf Grund ihrer Stammesgeschichte von Ernst Haeckel. *v.* 1—3. Berlin. 1894, 96, 95. 8.

Heckel & Kner, Süssw.-Fische Oesterr. Monarch. — Die Süsswasserfische der Oesterreichischen Monarchie mit Rücksicht auf die angränzenden Länder bearbeitet von Jakob Heckel und Rudolf Kner. Leipzig. 1858. 8.

Hoeven, Handb. Zool. — Handbuch der Zoologie. Von J. van der Hoeven. Nach der 2. Holländischen Ausgabe. *v.* 1, 2. Leipzig. 1850, 52—56. 8.

Hope, Cat. Lucanoid Col. — Catalogue of the Lucanoid Coleoptera in the Collection of the Rev. F. W. Hope, ... With Description of the new Species therein contained. London. 1845. 8.

Ihle, Kampen, Nierstrasz, Versluys, Vergl. Anat. — Vergleichende Anatomie der Wirbeltiere von J. E. W. Ihle, P. N. van Kampen, H. F. Nierstrasz, J. Versluys. Aus dem Holländischen übersetzt von G. Chr. Hirsch. Berlin. 1927. 8.

J. Ac. Philad. — Journal of the Academy of natural Sciences of Philadelphia. Philadelphia. 8 (4).

J. Coll. Japan — The Journal of the College of Science, Imperial University, Japan. Tokyo. 8.

Jordan, Guide Study Fish. — A Guide to the Study of Fishes by David Starr Jordan. *v.* 1, 2. New York. 1905. 8.

J. Shanghai Sci. Inst. — The Journal of the Shanghai Science Institute. Shanghai. 8.

Kawraisky, Störarten Kaukas. — Ѳ. Ѳ. Каврайскій, Осетровыя (Acipenseridae) Кавказа и Закавказья. (F. F. Kawraisky, Die Störarten des Kaukasus und Transkaukasiens.) Tiflis. 1907. 8.

Koenig, Icon. Foss. sect. — Icones Fossilium sectiles. [Auctor: Carl D. Eman. Koenig.] Centuria I, [II]. London. [1825]. 2.

Krøyer, Danmarks Fiske — Danmarks Fiske, bekrevne af Henrik Krøyer. *v.* 1—3. Kjobenhavn. 1838—40, 43—45, 46—53. 8.

Lacépède, Hist. Poissons — Histoire naturelle des Poissons, par [Bern. Germ. Étienne] Lacépède. *v.* 1—5. Paris. 1798, 1800, 02, 02, 03. 4.

Lankester, Treat. Zool. — A Treatise on Zoology. Edited by E. Ray Lankester. London. *v.* 1—. 1900—. 8.

Latreille, Fam. Règne an. — Familles naturelles du Règne animal, exposées succinctement et dans un Ordre analytique, avec l'Indication de leurs Genres. Par [Pierre André] Latreille. Paris. 1825. 8.

Linné, Mus. Adolph. Frider. — Museum S. R. M. Adolphi Friderici Regis Svecorum, . . . in quo Animalia rariora imprimis et exotica: Quadrupeda, Aves, Amphibia, Pisces, Insecta, Vermes describuntur et determinantur latine et svetice cum Iconibus jussu Reg. a Car. Linnaeo. Holmiae. 1754. 2.

Linné, Syst. Nat., ed. 10 — Caroli Linnaei Systema Naturae per Regna tria Naturae, secundum Classes, Ordines, Genera, Species, cum Characteribus, Differentiis, Synonymis, Locis. Editio X, reformata. — Tomus I. Holmiae. 1758. 8.

Linné, Syst. Nat., ed. 12 — Caroli a Linné Systema Naturae per Regna tria Naturae, secundum Classes, Ordines, Genera, Species, cum Characteribus, Differentiis, Synonymis, Locis. Editio XII, reformata. — Tomus I. Pars 1, 2. Holmiae. 1766, 67. 8.

Mag. N. Phys. Naturg. — Magazin für das Neueste aus der Physik und Naturgeschichte, herausgegeben von dem Legationsrath L. Ch. Lichtenberg, fortgesetzt von Johann Heinrich Voigt. Gotha. 8.

Mél. biol. — Mélanges biologiques tirés du Bulletin de l'Académie Impériale des Sciences de St.-Pétersbourg. St.-Pétersbourg. 8.

Mem. Ac. Washington — Memoirs of the national Academy of Sciences. Washington. 4.

Mem. Amer. Ac. — Memoirs of the American Academy of Arts and Sciences. Boston, Charlestown, Cambridge Mass. 4.

Mem. geol. Surv. U. Kingdom — Memoirs of the geological Survey of the United Kingdom. Figures and Descriptions illustrative of British organic Remains. London. 8 & 4.

Mem. Werner. Soc. — Memoirs of the Wernerian natural History Society. Edinburgh. 8.

Ménétriés, Cat. rais. — Catalogue raisonné des Objets de Zoologie recueillis dans un voyage au Caucase et jusqu'aux frontières actuelles de la Perse entrepris par E. Ménétriés. St. Pétersbourg. 1832. 8.

Mitchill, Rep. Fish. N.-York — Samuel L. Mitchill, Report in Part of Samuel L. Mitchill on the Fishes of New-York. New York. 1814. 12.

Monber. Ak. Berlin — Monatsberichte der Königlich Preußischen Akademie der Wissenschaften zu Berlin. Berlin. 8.

Müller, Vergl. Anat. Myxinoiden — Vergleichende Anatomie der Myxinoiden, der Cyclostomen mit durchbohrtem Gaumen. Erster Teil Osteologie und Myologie. Vorgetragen in der Königlichen Akademie der Wissenschaften zu Berlin im Jahre 1834. Mit einigen neueren Zusätzen von Johannes Müller. Berlin. 1835. 4. Auch erschienen ohne Zusätze in: *Abh. Ak. Berlin.* 1836. 4.

Nachr. Ges. Moskau — Извѣстія Императорскаго [Общества Любителей Естествознанія] [Антропологіи и Этнографіи], состоящаго при Императорскомъ Московскомъ Университетѣ. Москва. [Nachrichten [der Kaiserlichen] Gesellschaft der Freunde der Naturwissenschaften, [Anthropologie und Ethnographie] an der Kaiserlichen Universität Moskau. Moskau.] 4.

Nachr. Turkestan-Abt. Russ. Geogr. Ges. — Iswestija Turkestanskogo Otdiela Russkago Geografitscheskago Obschtschestwa. (Nachrichten der Turkestan-Abteilung der Russischen Geographischen Gesellschaft.) St. Petersburg. 8.

N. Acta Ac. Leop. — Nova Acta Academiae Caesareae Leopoldino-Carolinae Germanicae Naturae Curiosorum. Verhandlungen der Kaiserlichen Leopoldinisch-Carolinischen Akademie der Naturforscher. Norimbergae (Erlangen etc.). 4.

N. Acta Ac. Petrop. — Nova Acta Academiae Scientiarum Imperialis Petropolitanae. Petropoli. 4.

N. Ann. Bologna — Nuovi Annali delle Scienze naturali [e Rendiconto ... dell' Accademia delle Scienze ... di Bologna]. Bologna. 8.

N. Arch. Mus. Paris — Nouvelles Archives du Muséum d'Histoire naturelle de Paris]. Paris. 4.

Nat. Hist. N. York — Natural History of New York. By Authority. New York, Boston, Albany. I. *v.* 1—6: Zoology. 1842—44. 4.

Nederl. Tijdschr. Dierk. — Nederlandsch Tijdschrift voor de Dierkunde, uitgegeven door het Koninklijk zoologisch Genootschap Natura Artis Magistra. Amsterdam. 8.

N. Mag. Est. Istorii — Nowyi Magasin Estestwennoi Istorii, isdawajemyi I. Dwigubskim. Moskwa. 8. (Neues Magazin der Naturgeschichte. Herausgegeben von I. Dwigubski. Moskau.)

N. Mém. Soc. Moscou — Nouveaux Mémoires de la Société Impériale des Naturalistes de Moscou. Moscou. 4.

Nowicki, Microlep. — Microlepidopterorum Species novae, Auctore Maksymiliano Nowicki. Accedit una Tabella. Cracoviae. 1864. 8.

Öfv. Finska Förh. — Öfversigt af Finska Vetenskaps-Societetens Förhandlingar. Helsingfors. 4 & 8.

Owen, Anat. Vert. — On the Anatomy of Vertebrates. By Richard Owen. *v.* 1—3. London. 1866, 66, 68. 8.

Owen, Descr. Cat. osteol. Ser. — [R. Owen], Descriptive Catalogue of osteological Series contained in the Museum of the Royal College of Surgeons of England. *v.* 1—2. London. 1853. 4.

Owen, Lect. vert. Anat. — Lectures on the comparative Anatomy and Physiology of the vertebrate Animals, delivered at the Royal College of Surgeons of England, in 1844 and 1846. By Richard Owen. London. 1846. 8.

P. Ac. Philad. — Proceedings of the Academy of natural Sciences of Philadelphia. Philadelphia. 8.

Pallas, Reise Ruß. — P. S. Pallas Reise durch verschiedene Provinzen des Rußischen Reichs. Theil 1—3. St. Petersburg. 1771, 73, 76. 4. (2. Auflage: 1. Theil. St. Petersburg. 1801. 4.)

Pallas, Zoogr. Rosso-Asiat. — Zoographia Rosso-Asiatica, sistens omnium Animalium in extenso Imperio Rossico et adjacentibus Maribus observatorum Recensionem, Domicilia, Mores et Descriptiones, Anatomen atque Icones plurimorum. Auctore Petro Pallas. Vol. 1—3. Petropoli. 1811, 11, 31. 4.

P. Calif. Ac. — Proceedings of the California Academy of [natural] Sciences. — [Ser. 3:] Zoology. San Francisco. 8.

P. Linn. Soc. N. S. Wales — The Proceedings of the Linnean Society of New South Wales. Sydney. 8.

Poey, Mem. Cuba — Memorias sobre la Historia natural de la Isla de Cuba, por Felipe Poey. *v.* 1, 2. Habana. 1851 [1851—54], 56—58. 8.

P. U. S. Mus. — Proceedings of the United States National Museum. Washington. 8.

P. zool. Soc. London — Proceedings of the zoological Society of London. London. 8.

Rad Jugoslav. Ak. — Rad Jugoslavenske Akademije Znanosti i Umjetnosti. Zagreb. 8.

Rafinesque, Anal. Nat. — Analyse de la Nature ou Tableau de l'Univers et des Corps organisés. Par C. S. Rafinesque. Palerme. 1815. 8.

Rafinesque, Ichthyol. Ohiens. — Ichthyologia Ohiensis, or natural History of the Fishes inhabiting the River Ohio and its tributary Streams, preceded by a physical Description of the Ohio and its Branches. By C. S. Rafinesque. Lexington, Kentucky. 1820. 8.

Rafinesque, Indice Ittiol. Sicil. — Indice d'Ittiologia Siciliana; ossia Catalogo metodico dei Nomi Latini, Italiani, e Siciliani dei Pesci, che si rinvengono in Sicilia, disposti secondo un Metodo naturale . . . Opuscolo del C. S. Rafinesque-Schmaltz. Messina. 1810. 8.

Rend. Ist. Lombardo — Reale Istituto Lombardo delle Scienze e Lettere. Rendiconti. Milano, Napoli.

Rep. Brit. Ass. — Report of the . . . Meeting of the British Association for the Advancement of Science. London. 8.

Rep. Expl. Railroad Pacif. Ocean — Reports of Explorations and Surveys, to ascertain the most practicable and economical Route for a Railroad from the Mississippi River to the Pacific Ocean. Made under the Direction of the Secretary of War, in 1853—56. Washington. 4.

Riv. Acc. Padova — Rivista periodica dei Lavori della Reale Accademia di Scienze, Lettere ed Arti in Padova. Padova. 8.

SB. Ak. Wien — Sitzungsberichte der Kaiserlichen Akademie der Wissenschaften — Mathematisch-naturwissenschaftliche Classe. Wien. 8.

SB. Ges. Fr. Berlin — Sitzungsberichte der Gesellschaft naturforschender Freunde zu Berlin. Berlin. 4, 8.

Schmarda, Zool. — Zoologie von Ludwig K. Schmarda. *v.* 1, 2. Wien. 1871, 72. 8.

Shaw, Gen. Zool. — General Zoology, or systematic natural History by George Shaw. ([Vol. 9—14:] commenced by the late George Shaw. By James Francis Stephens). Vol. 1 I & II—14 I & II. London. 1800—26. 8.

Siebold, Süßw.-Fische Mitteleur. — Carl Theodor Ernst von Siebold, Die Süßwasserfische von Mitteleuropa. Leipzig. 1863. 8.

Smithson. Collect. — Smithsonian miscellaneous Collections. Washington. 8.

Swainson, Hist. Classif. Fish. — The Cabinet Cyclopaedia. Conducted by Dionysius Lardner, . . . Natural History. On the natural History and Classification of Fishes, Amphibians, and Reptiles. By William Swainson. *v.* 1, 2. London. 1838, 39. 8.

Tanaka, Fish. Japan — Figures and Descriptions of the Fishes of Japan including Riukiu Islands, Bonin Islands, Formosa, Kurile Islands, Korea and Southern Sakhalin. By Shigeho Tanaka. Fasc. 1—15. Tokyo. 1911—14. 8.

Thompson, Hist. Vermont — Zadock Thompson, History of Vermont, natural . . . and statistical . . . Burlington. 1842. 8.

Tierreich — Das Tierreich. Gegründet von der Deutschen Zoologischen Gesellschaft. Herausgegeben von der Preußischen Akademie der Wissenschaften zu Berlin. Berlin. 8.

Tierw. Nord- und Ostsee — Die Tierwelt der Nord- und Ostsee . . . In Verbindung mit zahlreichen in- und ausländischen Fachgelehrten herausgegeben von G. Grimpe und E. Wagler in Leipzig. Leipzig. 8.

Tr. Amer. phil. Soc. — Transactions of the American philosophical Society, held at Philadelphia, for promoting useful Knowledge. Philadelphia. 4.

Trav. Soc. Bulgare — Travaux de la Société Bulgare des Sciences naturelles. Sofia. 8.

Trav. Soc. St.-Pétersb. — Travaux de la Société Impériale des Naturalistes de St.-Pétersbourg. Section de Zoologie et de Physiologie. St.-Pétersbourg. 8.

Trudy Aralo-Kasp. Eksp. — Труды Арало-Каспiйской Экспедицiи, изданнвiе подъ Редакцiей О. А. Гримма. С.-Петербургъ. 8. [Arbeiten der Aralo-Kaspischen Expedition, herausgegeben unter der Redaktion von O. A. Grimm. St.-Petersburg.]

Trudy Kasan. Univ. — Труды Общества Естествоиспытателей при Имп. Казанскомъ Университетѣ. Казань. [Arbeiten der Gesellschaft der Naturforscher an der Kaiserl. Kasanschen Universität. Kasan.] 4 (8).

Trudy Saratow. Obschtsch. Est. — Trudy Saratowskago Obschtschestwa Estestwoispytatelei i Ljubitelei Estestwosnanija. Труды Саратовскаго Общества Естествоиспытателей Естествознанія. [Arbeiten der Saratower Gesellschaft der Naturforscher und Naturforschenden Freunde.] Travaux de la Société des Naturalistes de Saratow. 8.

Verh. Ges. Wien — Verhandlungen der kaiserlich-königlichen zoologisch-botanischen Gesellschaft in Wien. Wien. 8.

Vogt & Hofer, Süßw.-Fische Mitteleur. — Die Süßwasserfische von Mitteleuropa herausgegeben von Wilhelm Grote in Barmen verfasst von Carl Vogt in Genf und Bruno Hofer in München. Frankfurt am Main. 1909. 4. Atlas. 1908. 2.

Wjestnik Rybopr. — Wjestnik Rybopromyschlennosti, isdawajemyi Obschtschestwon rybolowstwa i rybowodstwa. (Zeitschrift für Fischerei, herausgegeben von der Russ. Gesellschaft für Fischerei und Fischzucht.) St. Petersburg. 8.

Zool. Anz. — Zoologischer Anzeiger. Leipzig. 8.

Zool. Rec. — The zoological Record. London. 8.

Systematischer Index

Ordo **Ganoidei**

1758 *Amphibia nantes* (part.), Linné, Syst. Nat., ed. 10 p. 230 | 1784 *Cartilaginei* (part.), M. E. Bloch, Naturg. Fische Deutschl., *v.* 3 p. 33 | 1789 *Pisces abdominalia* (part.) + *chondropterygii* (part.), J. F. Gmelin-Linné, Syst. Nat., ed. 13 *v.* 1 pars 3 p. 1348, 1483 | 1801 *Heptapterygii* (part.), M. E. Bloch & J. G. Schneider, Syst. Ichthyol., p. 139 | 1806 „*Eleuthéropomes*“ + „*Holobranches*“ (part.), C. Duméril, Zool. anal., p. 105, 139 | 1817 „*Chondropterygiens*“ (part.) + „*Malacopterygiens abdominaux*“ (part.), G. Cuvier, Règne an., *v.* 2 p. 114, 159 | 1825 *Sturionii* + *Abdominalia* (part.), Latreille, Fam. Règne an., p. 113, 118 | 1835 *Chondropterygia* (part.), J. Müller, Vergl. Anat. Myxinoiden, p. 9 | 1839 *Malacopteryges* (part.) + *Cartilagines* (part.), W. Swainson, Hist. Classif. Fish., *v.* 2 p. 184, 191 | 1845 *Ganoidei* (part.), J. Müller in: Arch. Naturg., *v.* 11 I p. 137 | 1846 *G.* (part.), Bonaparte, Cat. Pesci Eur., p. 4 | 1846 *G.* (part.), Rich. Owen, Lect. vert. Anat., *v.* 1 p. 50 | 1850 *G.* (part.), Bonaparte, Consp. Syst. Ichthyol. | 1851 *Eleutheropomi* (part.), J. E. Gray, List Fish Brit. Mus., *v.* 1 p. 8 | 1852 *Ganolepidoti* (part.), Hoeven, Handb. Zool., ed. 2 *v.* 2 p. 78 | 1861 *Ganoidei*, T. Gill in: P. Ac. Philad., *v.* 19 suppl. p. 58 | 1861 *G.*, Huxley in: Mem. geol. Surv. U. Kingdom, dec. 10 p. 23 | 1864 *Holo-Ganoidei* + *Hemi-Ganoidei* (part.), C. Mayer in: N. Acta Ac. Leop., *v.* 30 p. 26 | 1866 *Ganoidei* (part.), Rich. Owen, Anat. Vert., *v.* 1 p. 12 | 1866 *Ganoides* (part.), Haeckel, Gen. Morphol., *v.* 2 p. CXXIII | 1870 *Ganoidei* (part.), Alb. Günther, Cat. Fish. Brit. Mus., *v.* 8 p. 324 | 1872 *G.* (part.), C. Claus, Grundz. Zool., ed. 2 p. 842 | 1872 *Ganoidea* (part.), Schmarda, Zool., *v.* 2 p. 310 | 1872 *Ganoidei* (part.) + *Hyoganoidei* + *Chondroganoidei*, T. Gill in: Smithson. Collect., *v.* 11 p. 21, 22 | 1873 *G.* (part.), Fitzinger in: SB. Ak. Wien, *v.* 67 I p. 49 | 1882 *Chondrostei* + *Holostei*, D. S. Jordan & Gilbert in: Bull. U. S. Mus., *v.* 16 p. 82, 88 | 1889 *Podopterygia* + *Physostomi*, E. D. Cope in: Amer. Natural., *v.* 23 p. 856, 857 | 1895 *Ganoides* (part.), Haeckel, Syst. Phyl., *v.* 3 p. 244 | 1907 *Ganoidei*, W. K. Gregory in: Ann. N. York Ac., *v.* 17 p. 448.

Teleostome Fische mit knorpeligem oder knöchernem Skelett, wobei im ersten Falle die Chorda dorsalis persistiert. Die Haut ist nahezu nackt oder mit Hartgebilden in Form von Knochenplatten ohne Ganoinschicht, rhombischen, starken Ganoidschuppen oder cycloiden Schuppen, bei denen das Ganoin nur spärlich auftritt, bedeckt. Kiemenhautstrahlen und Kehlplatten sind vorhanden oder fehlen. Flossen mit oder ohne Fulcra; die Schwanzflosse ist heterocerk. Die Schwimmblase ist normal oder lungenähnlich. Herz mit Bulbus. Darm mit gut entwickelter oder rudimentärer Spiralklappe.

Die Körperbedeckung der *Ganoidei* ist bei deren Unterordnungen sehr verschieden. Während bei den *Chondroganoidei* das Schuppenkleid zurückgebildet ist — bei den Acipenseriden liegen in der Haut neben 5 Reihen großer Knochenplatten, kleine Plättchen, bei den Polyodontiden sind diese Plättchen auf winzige Knochenkörner reduziert oder die Haut ist nahezu ganz nackt — findet sich bei den *Rhomboganoidei* ein Panzer starker, rhombischer Ganoidschuppen (Fig. 1). Bei den *Cycloganoidei* wird das Schuppenkleid aus dünnen cycloiden Schuppen gebildet, bei denen das Ganoin nur spärlich vertreten ist (Fig. 2). Das Skelett der *Ganoidei* ist entweder knorpelig *(Chondroganoidei)* oder knöchern *(Rhomboganoidei, Cycloganoidei)*. Bei den *Chondroganoidei* besteht das Achsenskelett aus der persistierenden Chorda dorsalis und aus dorsalen und ventralen Bogenstücken; dazwischen finden sich segmental Intercalaria; Processus spinosi sind vorhanden. Wirbelkörper kommen nicht zur Ausbildung (acentrische Wirbel) und ein Teil der Wirbelsäule zeigt seitlich die Chordascheide, da hier die oberen und unteren Bögen nicht zusammenkommen.

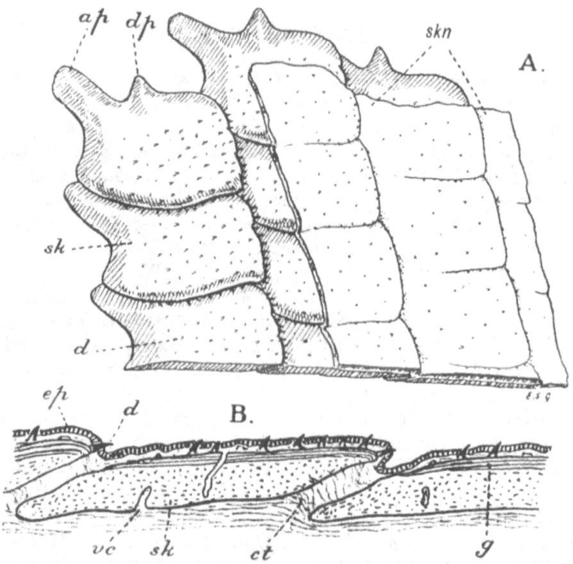

Fig. 1.

Lepisosteus (Lepisosteus) osseus (L.). A. Oberflächenansicht der Schuppen, links ist die Epidermis entfernt; B. Längsschnitt durch die Schuppen: *ap* Vorderer Gelenkfortsatz, *ct* verbindendes Gewebe der Haut, *d* Zähnchen, *dp* dorsaler Gelenkfortsatz, *ep* Epidermis, *g* Ganoinschicht, *sk* Schuppe, *skn* die Schuppen bedeckende Haut, *vc* Vascularkanal. (Nach Goodrich.)

Das Skelett der *Chondroganoidei* verknöchert zwar teilweise, aber dieser Prozeß tritt erst spät auf, wie überhaupt die Verknöcherung sehr langsam fortschreitet. Rippen sind vorhanden. Die Wirbelsäule der *Rhombo-* und *Cycloganoidei* ist verknöchert, es treten Wirbelkörper auf; bei den *Cycloganoidei* sind die Wirbelkörper beiderseits tief konkav (amphicoele Wirbel),

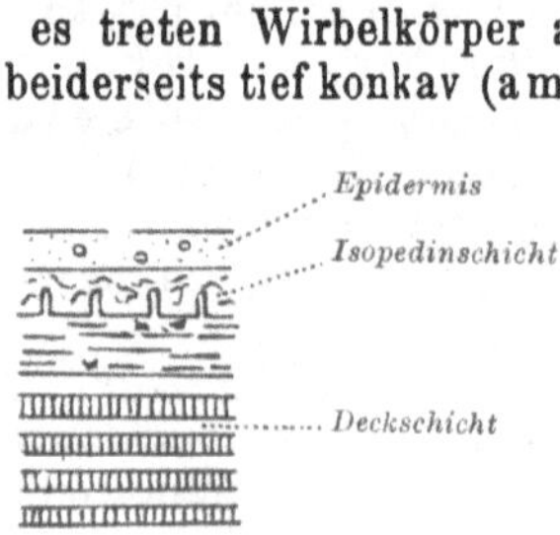

Fig. 2.

Teil eines Schuppenquerschnittes von **Amia calva** L. (Nach Plate aus van Kampen.)

bei den *Rhomboganoidei* weichen sie insofern von den Wirbeln der übrigen Teleostomi ab, als sie direkt gelenkig miteinander verbunden sind; sie sind vollständig kompakt, caudal sind sie konkav und cephal sind sie konvex (opistocoele Wirbel); außerdem findet sich bei dieser Gruppe ein gut entwickeltes Hinterhauptsgelenk. Die Flossen (Fig. 3) der *Ganoidei* werden

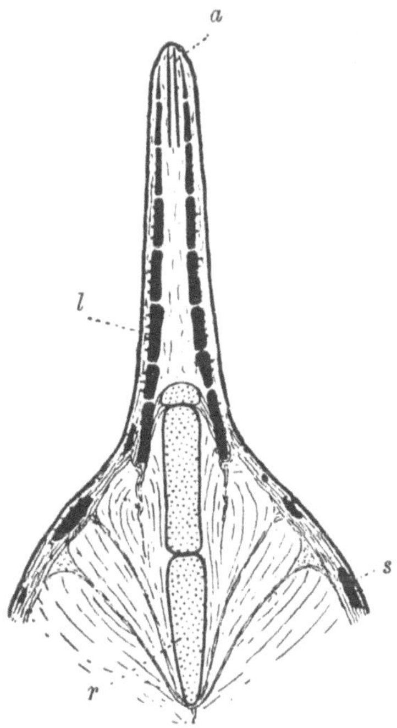

Fig. 3.
Schnitt durch die Dorsale von **Acipenser.** *a* Actinotrichia, *l* Lepidotrichia, *r* endoskelettale Radien, *s* Schuppe. (Nach Goodrich.)

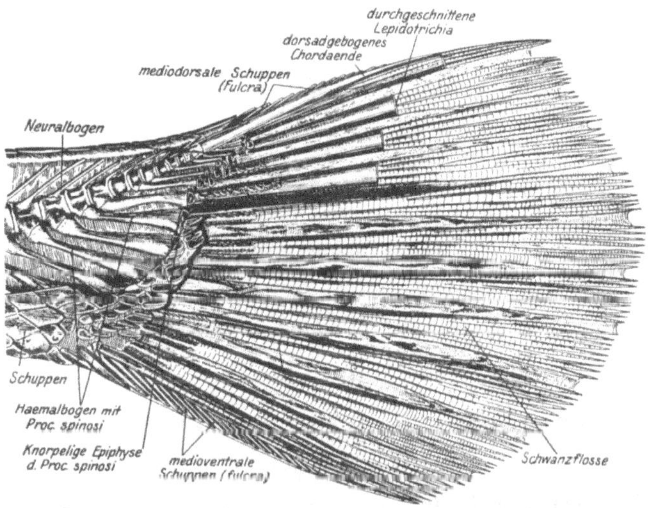

Fig. 4.
Skelett der Schwanzflosse von **Lepisosteus.** (Nach Kölliker aus Versluys.)

durch knorpelige oder verknöcherte Radien, d. s. direkte Fortsetzungen der Processus spinosi und durch Lepidotrichia gestützt; an unpaaren Flossen finden sich eine Rücken-, After- und Schwanzflosse, welch letztere vom heterocerken Typus ist; paarige Flossen sind vorhanden, es kommt daher zur Ausbildung eines Schulter- und Beckengürtels. Die obere

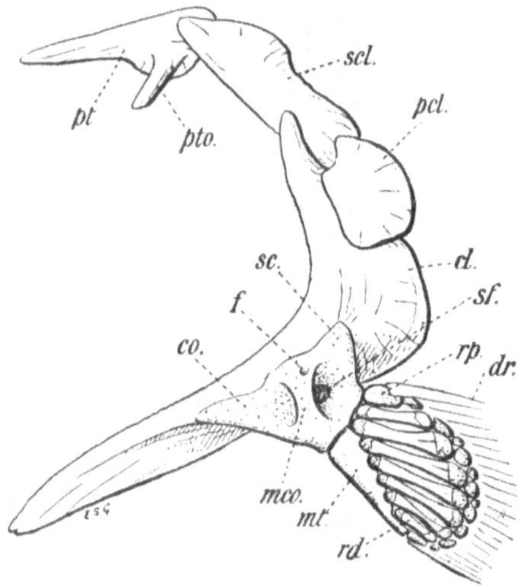

Fig. 5.
Skelett des Schultergürtels (rechte Hälfte) von **Amia calva** L. *pt* Posttemporale, *pto* sein unterer Fortsatz zum Opisthoticum, *scl* Supraclavicula, *pcl* Postclavicula, *cl* Cleithrum, *sc* Scapula, *f* Nervenforamen, *co* Coracoid, *sf* Scapularforamen, *rp* proximaler, praeaxialer Radius, *dr* Lepidotrichia, *mco* Mesocoracoidbogen, *mt* Metapterygoideum, *rd* distaler, praeaxialer Radius. (Die knorpeligen Teile sind punktiert.) (Nach Goodrich.)

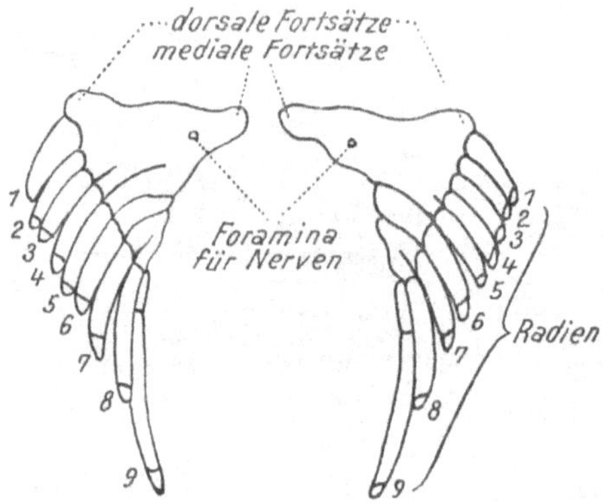

Fig. 6.
Skelett des Beckengürtels von **Scaphirhynchus.** (Nach Rautenfeld, vereinfacht.)

Kante der Schwanzflosse trägt bei den *Chondroganoidei* und den *Rhomboganoidei* sich schindelartig deckende Schuppen (Fulcra); bei letzteren finden sich diese Fulcra auch bei den übrigen Flossen; bei den *Cycloganoidei* fehlen sie vollständig. Der primäre Schultergürtel der *Chondroganoidei* ist knorpelig und groß; der knöcherne sekundäre Gürtel zeigt deutlich seine Herkunft von Verknöcherungen der Haut, die noch vollständig in derselben liegen und eine rauhe Oberfläche haben. Bei den übrigen *Ganoidei* tritt die Ausbildung des primären Schultergürtels im Verhältnis zu jener des sekundären zurück (Fig. 5), die einzelnen Knochen des sekundären

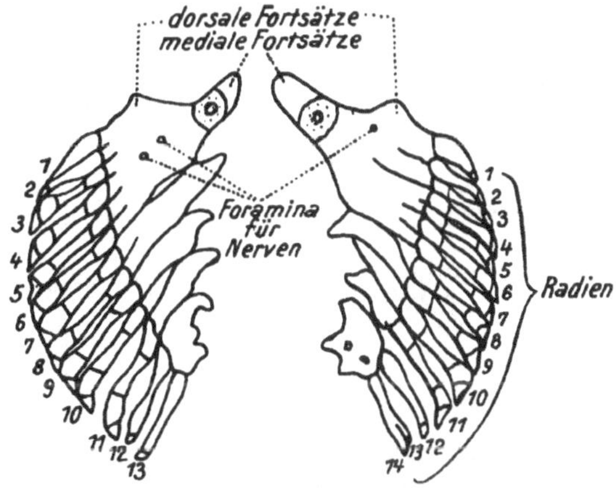

Fig. 7.
Skelett des Beckengürtels von **Polyodon spathula** (Walbaum). (Nach Rautenfeld vereinfacht.)

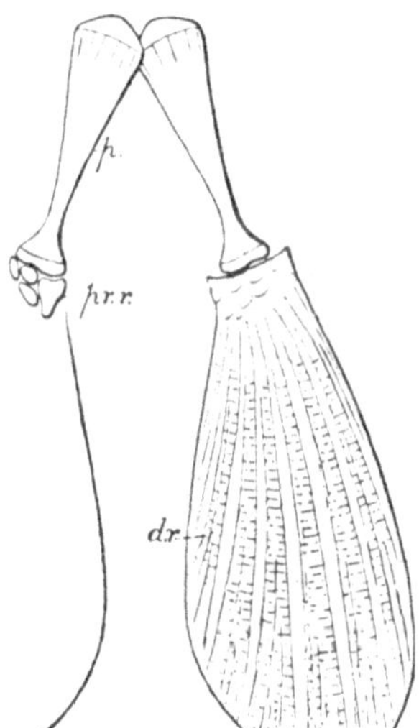

Fig. 8.
Beckengürtel von **Amia calva** *L.* *p* Stammstück, *prr* praeaxialer Radius, *dr* Lepidotrichia. (Nach Goodrich.)

Gürtels liegen unter der Haut und sind völlig glatt. Ein eigentliches Becken fehlt (Fig. 6, 7, 8), es wird durch paarige Knorpel- oder Knochenstücke ersetzt, die aber ganz in der Muskelmasse liegen. Diese Stücke (Stammstücke) werden aus mehreren Knorpeln gebildet, die später miteinander verschmelzen und ossifizieren. Bei den *Chondroganoidei* tritt dieser Prozeß spät ein und nur teilweise. Die paarigen, vorderen Extremitäten (Brustflossen) der Ganoidei weisen vom primären Skelett nur ein Stück auf, das Metapterygoideum; unmittelbar an das Metapterygoideum schließen sich einige Radien an; außerdem finden sich einzelne wenige Radien, die auch

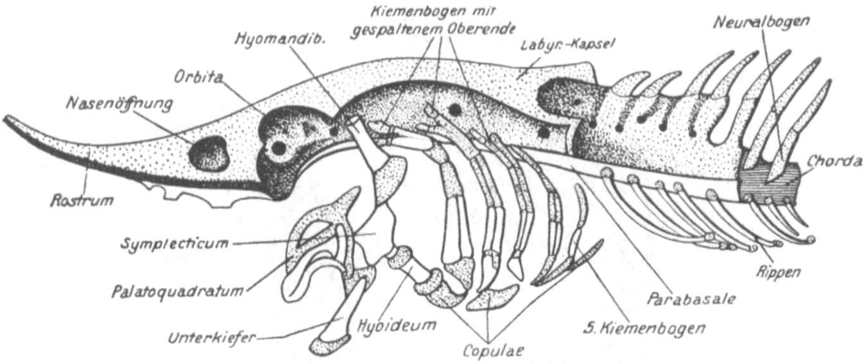

Fig. 9.
Kopfskelett von Acipenser nach Wegnahme der Deckknochen des Schädeldaches; Knorpel punktiert. (Nach Wiedersheim aus Versluys.)

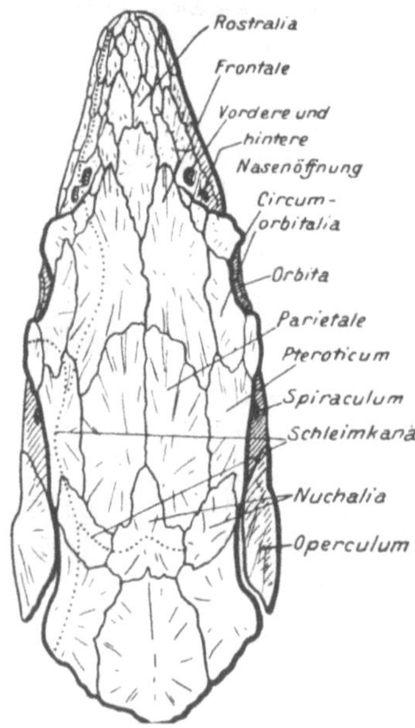

Fig. 10.
Schädeldach von Acipenser, von oben. (Nach Goodrich aus Versluys.)

an das Metapterygoideum nicht mehr anschließen, sondern mit dem Schultergürtel in direkter Verbindung stehen *(Actinopterygii)*. Die Radien der Hinterextremitäten (Bauchflossen) sind bei den Acipenseriden noch ziemlich gut entwickelt, bei den übrigen *Ganoidei* sind diese Radien, wie bei den Teleosteern zu kleinen Knorpel- oder Knochenstücken rückgebildet.

Am Schädel der *Chondroganoidei* (Fig. 9, 10, 11) ist das knorpelige Primordialcranium in voller Ausdehnung vorhanden. Die Schnauze ist zu einem mehr oder weniger lang ausgezogenen Rostrum verlängert, hinten ist der Schädel starr mit der Wirbelsäule verschmolzen. Das Primordialcranium wird von einer Anzahl von Deckknochen überdacht, die so oberflächlich wie die Schuppen liegen und deren Oberfläche stark skulpturiert ist. Zwischen dem Primordialcranium und dem sekundären Schädeldach liegt eine starke Bindegewebslage, wodurch die Deckknochen leicht von dem darunterliegenden Knorpel abgehoben werden können. Ein Opercular-

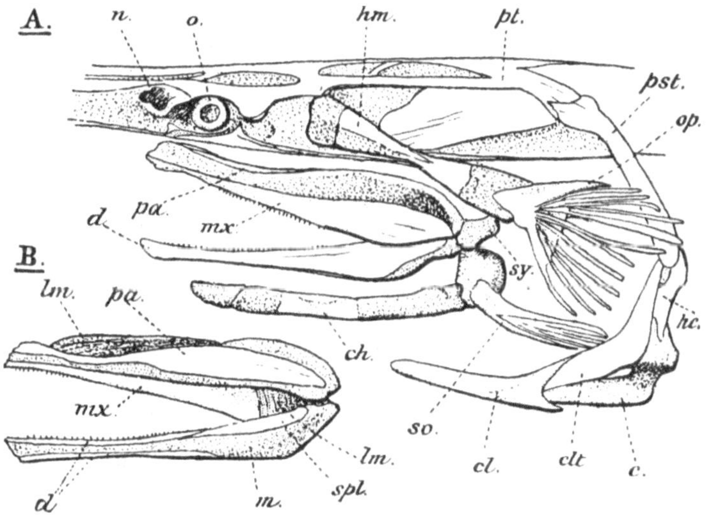

Fig. 11.
A. Schädelskelett von **Polyodon spathula** (Walbaum); B. Innenansicht der rechten Kiefer: *n* Nasenkapsel, *o* Augenkapsel, *hm* Hyomandibulare, *pt* Pteroticum, *pst* Posttemporale, *op* Operculum, *hc* Postclavicula, *c* Coracoid, *cl* Clavicula, *clt* Cleithrum, *so* Suboperculum, *sy* Symplecticum, *ch* Ceratohyale, *d* Dentale, *mx* Maxilla, *pa* Palatinum, *lm* Musculus levator, *spl* Spleniale, *m* Meckelscher Knorpel. (Nach Traquair aus Goodrich.)

apparat ist vorhanden; 5 Kiemenbogen, die von vorn nach rückwärts an Länge abnehmen und teilweise aus Knorpel bestehen, teilweise verknöchert sind; ventral werden die Kiemenbogen durch wenige knorpelige Copulae miteinander verbunden. Der Kieferbogen ist schwach entwickelt; das Palatoquadratum steht mit dem Gaumen nur in loser Verbindung; das Dentale ist zwar knöchern aber klein und schwach. Auch der Hyoidbogen ist nur schwach entwickelt. Spritzlöcher und Pseudobranchien sind vorhanden. Opercularkiemen sind vorhanden oder fehlen. Die Kiemenhautstrahlen sind spärlich vertreten oder fehlen gänzlich.

Der Schädel der *Rhomboganoidei* (Fig. 12) ist durchaus knöchern, das knorpelige Primordialcranium tritt zurück; nur in der Nasal- und Occipitalregion findet sich in größerer Ausdehnung Knorpel. Die Kiefer sind stark und mit starken Zähnen besetzt. Die Opercularkiemen sind gut entwickelt, das Spritzloch fehlt. Kiemenhautstrahlen sind vorhanden.

Auch bei den *Cycloganoidei* ist der Schädel (Fig. 13, 14) knöchern, das Primordialcranium bleibt aber in seiner ganzen Ausdehnung wie bei den *Chondroganoidei* bestehen. Spritzlöcher, Opercularkiemen und Pseudobranchien fehlen. Zahlreiche Kiemenhautstrahlen und eine mediane Kehlplatte sind vorhanden. Die Kiefer sind gut entwickelt und mit spitzen Zähnen besetzt.

Das Gehirn und das Nervensystem der *Ganoidei* zeigen den gewöhnlichen Fischtypus. Seitenlinienorgane sind vorhanden. Die *Ganoidei*

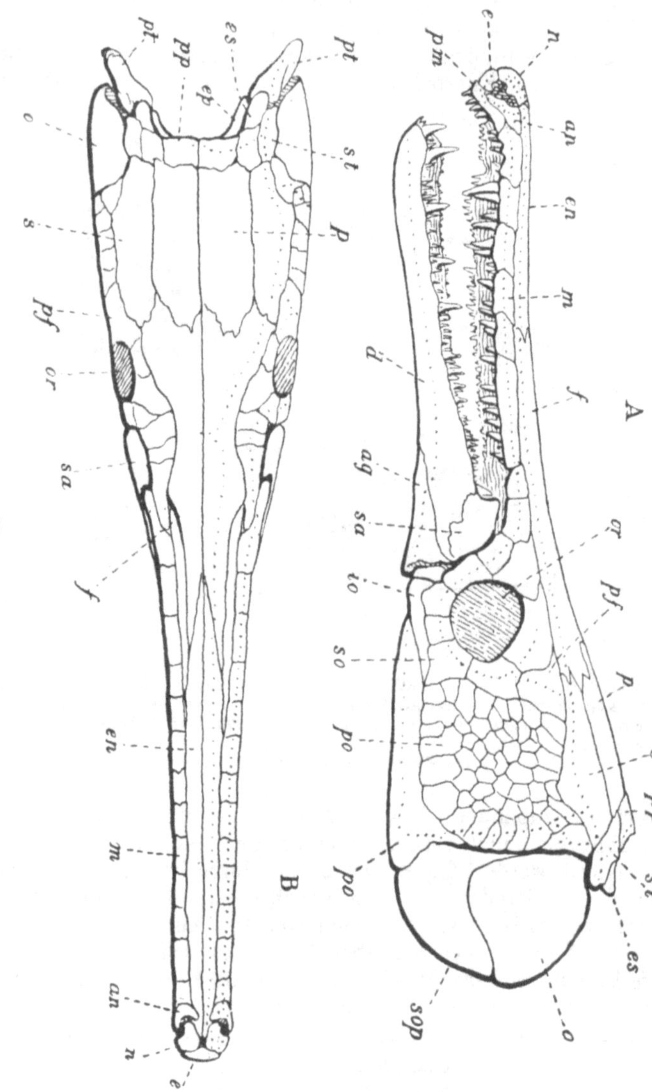

Fig. 12.
Schädelskelett von **Lepisosteus (Lepisosteus) osseus** (L.). A von der Seite; B von oben: *pm* Praemaxillare, *e* Ethmoideum, *n* Nasale, *an* Adnasale, *en* Ethmonasale, *m* Maxillarenreihe, *f* Frontale, *or* Orbita, *pf* Postfrontale, *p* Parietale, *s* Pteroticum, *pp* Postparietale, *st* Supratemporale, *es* Extrascapulare, *o* Operculum, *sop* Suboperculum, *po* Praeoperculum, *po* Praeopercularregion, die mit kleinen Platten bedeckt ist, darunter das Praeoperculum, *so* Suborbitale, *io* Interoperculum, *sa* Supraangulare, *ag* Dermarticulare, *d* Dentale, *pt* Posttemporale, *ep* Epioticum. (Nach Woodward aus Goodrich.)

atmen ausschließlich durch Kiemen, nur bei den *Rhombo-* und *Cycloganoidei* wird diese Atmung durch eine accessorische Atmung mit Hilfe der Schwimmblase unterstützt. Bei den *Rhomboganoidei* wird die Schwimmblase durch eine bindegewebige, senkrecht gestellte Wand in Hälften geteilt. Diese Zwischenwand strahlt seitlich ein System bindegewebiger Balken aus, die Hohlräume (Crypten) bilden, wodurch die Schwimmblase innen ein schwammartiges Aussehen erhält und ihre Oberfläche bedeutend vergrößert wird. Im hinteren Teil der Kiemenhöhle mündet die Schwimmblase durch einen Spalt aus, der durch Muskeln geöffnet und geschlossen werden kann. Dadurch wird es den Tieren ermöglicht, atmosphärische Luft aufzunehmen. Die Schwimmblase der *Cycloganoidei* ist ähnlich gebaut, nur kommen hier keine Crypten zur Ausbildung. Sie wird mit Blut, wie bei den *Dipnoi*, aus

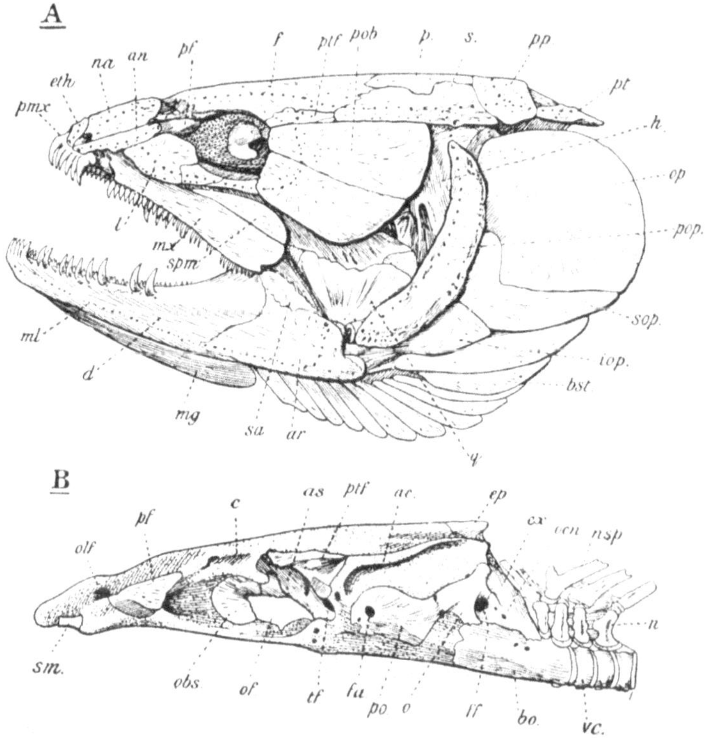

Fig. 18.
Kopfskelett von **Amia calva** L. A von der Seite; B linke Seite des Cranium nach Entfernung der Deckknochen: *pmx* Praemaxillare, *eth* Ethmoideum, *na* Nasale, *an* Adnasale, *pf* Praefrontale, *f* Frontale, *ptf* Postfrontale, *pob* Postorbitale, *p* Parietale, *s* Pteroticum, *pp* Supratemporale, *pt* Posttemporale, *h* Hyomandibulare, *op* Operculum, *pop* Praeoperculum, *sop* Suboperculum, *iop* Interoperculum, *bst* Branchiostegalia, *q* Quadratum, *ar* Dermarticulare, *sa* Supraangulare, *mg* Gulare, *d* Dentale, *ml* Laterallinie in der Mandibel, *spm* Supramaxillare, *mx* Maxillare, *l* Lacrimale, *olf* Nasenkapsel, *c* knorpeliges Cranium, *as* Alisphenoideum, *ac* Labyrinthkapsel, *ep* Epioticum, *ex* Exoccipitale, *ocn* Foramen für den Spino-Occipitalnerv, *nsp* Neuraldorn, *n* Neuralbogen, *vc* Wirbelkörper, *bo* Basioccipitale, *ff* Foramen für den Nervus vagus, *o* Opisthoticum, *po* Prooticum, *fa* Foramen für den Nervus facialis, *tf* Foramen für den Nervus trigeminus, *of* Augenhöhle, *obs* Orbitosphenoideum, *sm* Septomaxillare. (Nach Allis aus Goodrich.)

der 6. Arteria epibranchialis versorgt, die Vene der Schwimmblase führt aber das Blut durch die Vena hepatica direkt zum Herzen. Die Kreislauforgane zeigen Fischtypus, das Herz (Fig 15, 16) hat stets einen Bulbus.

Die Bezahnung der *Ganoidei* ist sehr variabel. Die *Chondroganoidei*, deren Mund ventral gelegen ist, besitzen sehr kleine Zähnchen oder sie entbehren dieser überhaupt. Der Mund der *Rhombo-* und *Cycloganoidei*

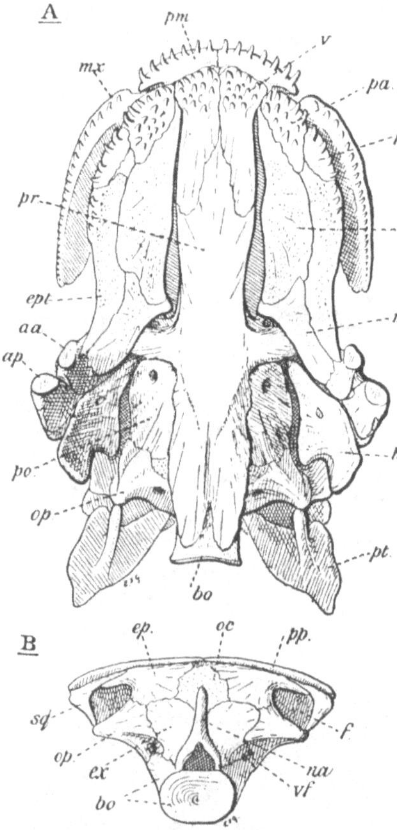

Fig. 14.

A Ventralansicht des Schädels und des Oberkiefers von Amia calva L. (Skelett); B Ansicht des Hinterhauptskelettes: ***mx*** **Maxillare,** ***pm*** **Praemaxillare,** ***v*** **Vomer,** ***p*** **und** ***pa*** **Palatinumknochen,** ***enpt*** **Entopterygoideum,** ***mp*** **Metapterygoideum,** ***h*** **Hyomandibulare,** ***pt*** **Posttemporale,** ***bo*** **Basioccipitale,** ***op*** **Opisthoticum,** ***po*** **Prooticum,** ***ap*** **Gelenk des Symplecticum,** ***aa*** **Gelenk des Quadratum,** ***ept*** **Ectopterygoideum,** ***pr*** **Parasphenoideum,** ***ep*** **Epioticum,** ***oc*** **Occipitalknorpel,** ***pp*** **Supratemporale,** ***f*** **hintere Fossa temporalis,** ***na*** **Neuralbogen,** ***vf*** **Foramen für den Nervus vagus,** ***ex*** **Exoccipitale,** ***sq*** **Pteroticum. (Nach Goodrich.)**

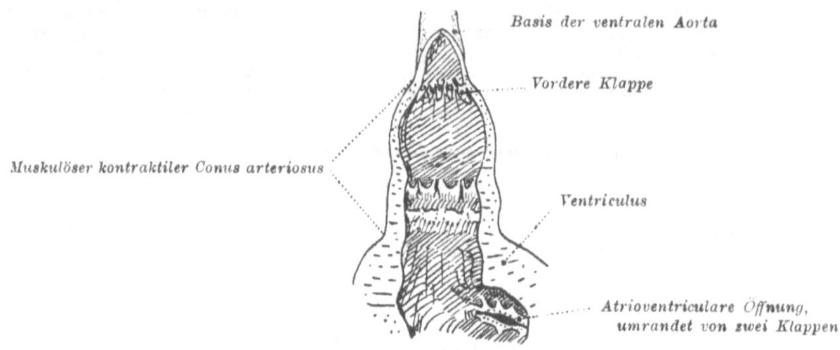

Fig. 15.

Conus arteriosus von Acipenser (Acipenser) sturio L. (Nach Boas aus Goodrich.)

ist end- oder schwach unterständig, die Kiefer sind mit zahlreichen, starken, konischen Zähnen bewehrt, und zwar finden sich solche im Oberkiefer am Maxillare, Praemaxillare, Vomer und auf den Palatinknochen, im Unterkiefer am Dentale und auf den Splenialknochen.

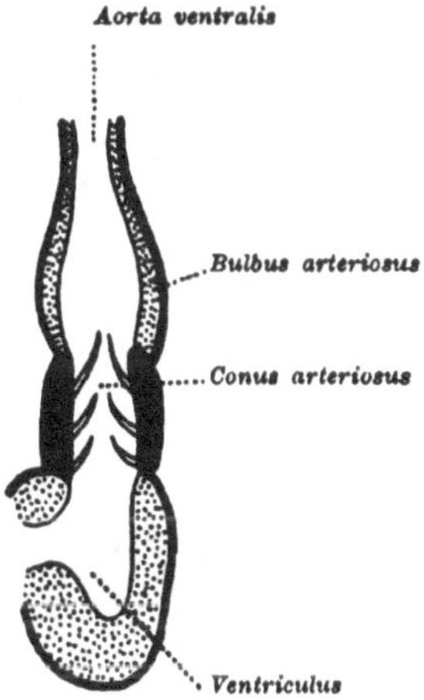

Fig. 16.
Herz von **Amia calva** L. (Nach Wiedersheim aus Nierstrasz.)

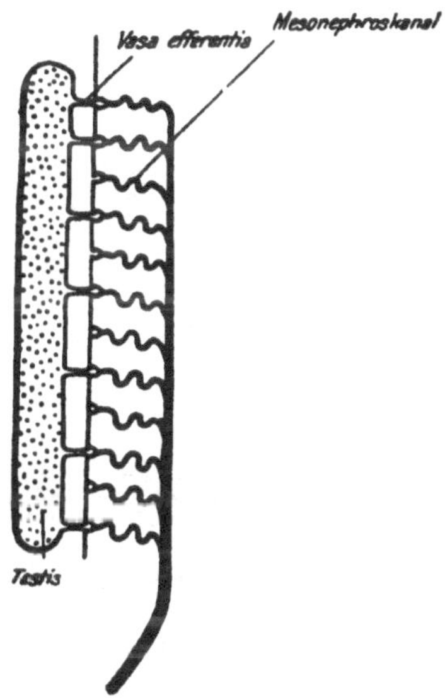

Fig. 17.
Schema des männlichen Genitalapparates von **Acipenser** und **Lepisosteus**. (Nach Kerr aus Ihle.)

Der mit der Mundhöhle beginnende Verdauungstractus besteht aus einem verhältnismäßig kurzen Oesophagus, der in den gebogenen, mit Magendrüsen ausgestatteten Magen, der bei den *Acipenseridae* stark muskulös ist, mündet. Der Mitteldarm besitzt bei den *Chondroganoidei* eine gut entwickelte Spiralklappe, bei den *Rhombo-* und *Cycloganoidei* ist diese sehr stark verkürzt.

Als Exkretionsorgan funktioniert bei jugendlichen Ganoiden eine Vorniere, in fortgeschrittenem Alter die Urniere. Die männlichen Genitalorgane (Fig. 17, 18 c) der *Ganoidei* stehen durch Kanäle mit dem primären Harnleiter in Verbindung (gewöhnliche Urogenitalverbindung), letzterer führt daher die Ausscheidungsprodukte der Nieren und das Sperma ab. Der Exkretionsporus wird daher hier zur Urogenitalöffnung. Bei den weiblichen Genitalorganen (Fig. 18 a, b) fällt auf, daß die Ovidukte kurz sind und das Ostium im caudalen Teile der

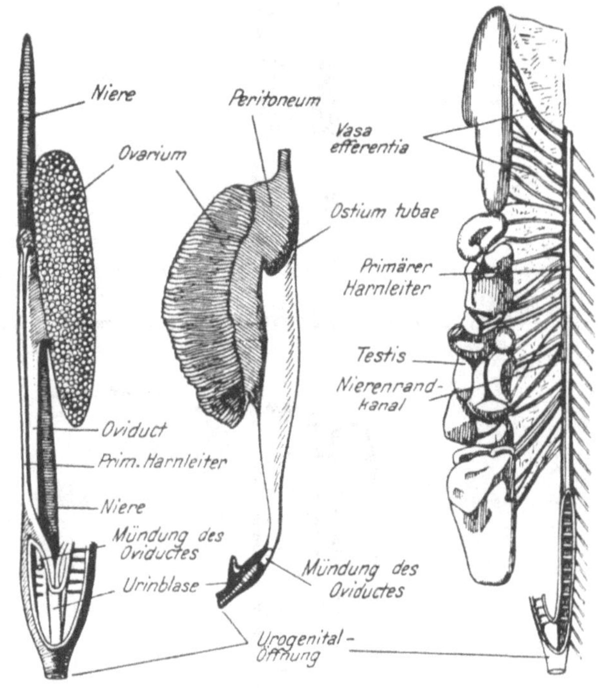

Fig. 18.
a Weibliche Geschlechtsorgane von **Lepisosteus**, *b* desgl. von **Amia calva** L., *c* männliche Geschlechtsorgane von **Lepisosteus**. (Nach Balfour, Parker & Huxley aus Ihle.)

Leibeshöhle liegt. Bei den *Rhomboganoidei* kommt noch das Fehlen der Müllerschen Gänge und des Ostium hinzu, ein Zustand, der sich den Verhältnissen bei den *Teleostei* nähert. Den Eiern der *Chondroganoidei* entschlüpfen normale Junge, jenen der *Rhombo-* (Fig. 19) und *Cycloganoidei* entschlüpfen Larven, die auf der Stirn ein Haftorgan aufweisen.

Die *Chondroganoidei* bewohnen die gemäßigten Zonen der nördlichen Erdhalbkugel und leben sowohl im Meere, als auch in großen Seen und Flüssen; nur wenige Formen kommen ausschließlich im Süßwasser vor. Sie nähren sich vornehmlich von kleinen Wassertieren, die sie am und im Boden ihres Wohngewässers finden. In wirtschaftlicher Beziehung sind sie von großer Bedeutung: Die Eier der äußerst fruchtbaren weiblichen Tiere werden entsprechend verarbeitet als Kaviar in den Handel gebracht und auch das Fleisch der im allgemeinen sehr groß werdenden Formen ist genießbar und meist sehr schmackhaft. Die *Rhombo-* und *Cycloganoidei* sind Süßwasserfische, die die Flüsse und Seen des mittleren Nordamerika bewohnen. Sie sind sehr räuberischer Natur und nähren sich von Fischen, Krebsen und Wasserinsekten. Während die *Rhomboganoidei* ihre Geschlechtsprodukte zur Laichzeit, die im Mai beginnt, frei in das Wasser absetzen, bauen die *Cycloganoidei*, und zwar die männlichen Tiere, im flachen Wasser eine Nestgrube und üben mehrere Tage Brutpflege aus.

3 Unterordnungen, 4 Familien, von denen 1 in 2 Unterfamilien zerfällt, 8 Gattungen, von denen 2 in 6 Untergattungen zerfallen, 29 sichere Arten, von denen 3 in 7 Unterarten und 3 in 6 Rassen zerfallen, 1 unsichere Art, 12 sichere Bastarde, 1 unsicherer Bastard, 1 fragliche Form.

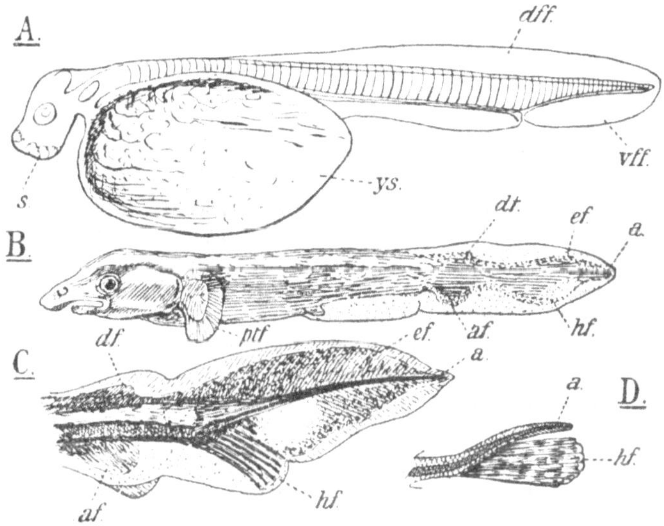

Fig. 19.
Entwicklung von **Lepisosteus.** A Junge Larve mit Haftorgan; B, C, D ältere Stadien: *dff, vff* kontinuierliche dorsale und ventrale Flossenhäute, *ys* Dottersack, *s* Haftorgan, *df* Dorsale, *ef* Epichordale, *hf* Hypochordale, *af* Anale, *a* axialer Lappen, *ptf* Pectorale. (Nach Agassiz aus Goodrich.)

Bestimmungstabelle der Unterordnungen:

1 { Mund ventral gelegen, mit sehr kleinen Zähnchen oder zahnlos; Schnauze zu einem mehr oder minder langen Rostrum ausgezogen; Haut nahezu nackt oder mit winzigen Knochenkörnern, oder mit 5 Reihen großer Knochenplatten, zwischen die kleine Platten eingestreut sind, die obere Kante der Schwanzflosse mit Fulcra . . . . A. Subord. **Chondroganoidei**

Mund end- oder schwach unterständig, mit starken Kiefern, die mit zahlreichen, starken, konischen Zähnen besetzt sind; Körper mit starken, rhombischen Ganoid- oder mit Cycloidschuppen bedeckt; Flossen mit oder ohne Fulcra — **2**

2 { Kiefer stark verlängert; Körper mit starken, rhombischen Ganoidschuppen bedeckt; sämtliche Flossen mit Fulcra . . . . B. Subord. **Rhomboganoidei**

Kiefer nicht verlängert; Körper mit Cycloidschuppen bedeckt; Flossen ohne Fulcra . C. Subord. **Cycloganoidei**

A. Subord. **Chondroganoidei**

1815 *Sturiona*, Rafinesque, Anal. Nat., p. 92 | 1835 *Branchiostega*, J. Müller, Vergl. Anat. Myxinoiden, p. 9 | 1845 *Chondrostei*, J. Müller in: Arch. Naturg., v. 11 I p. 137 | 1845 *Sturiones*, Bonaparte in: Atti Sci. Ital., v. 6 p. 387 | 1851 *Sturiona*, J. E. Gray, List Fish Brit. Mus., v. 1 p. 3 | 1852 *Sturiones (Chondrostei)*, Hoeven, Handb. Zool., ed. 2 v. 2 p. 79 | 1866 *Tabuliferi (Placoganoides)* + *Sturiones*, Haeckel, Gen. Morphol., v. 2 p. CXXIV | 1866 *Placoganoidei*, Rich. Owen, Anat. Vert., v. 1 p. 12 | 1870 *Chondrostei*, Alb. Günther, Cat. Fish. Brit. Mus., v. 8 p. 332 | 1872 *Chondroganoidei* + *Selachostomi* + *Chondrostei*, T. Gill in: Smithson. Collect., v. 11 p. 22 | 1872 *Chondroganoidea* + *Loricata* (part.) + *Gymnoganoidea*, Schmarda, Zool., v. 2 p. 311, 313 | 1889 *Chondrostei*, E. D. Cope in: Amer. Natural., v. 23 p. 856 | 1895 *Euganoides* (part.), Haeckel, Syst. Phyl., v. 3 p. 250 | 1896 *Chondroganoidea* + *Selachostomi* + *Chondrostei*, D. S. Jordan & Evermann in: Bull. U. S. Mus., v. 47 pars 1 p. 100, 102 | 1907 *Acipenseroidei* + *Chondrostei* + *Glaniostomi* + *Selachostomi*, W. K. Gregory in: Ann. N. York Ac., v. 17 p. 448 | 1932 *Chondroganoidea (Chondrostei)*, Grobben in: Claus-Grobben-Kühn, Lehrb. Zool., ed. 10 p. 931.

Ganoidei mit persistierender Chorda dorsalis und knorpeligem Skelett, das nur teilweise und sehr spät ossifiziert. Der Schädel ist vorn zu einem Rostrum ausgezogen. Die Haut ist nahezu nackt, oder mit winzigen Knochenkörnern, oder mit 5 Reihen großer Knochenschilder, zwischen die kleine Körnchen und Platten eingestreut sind, bedeckt, oder die Haut ist nackt und nur die 5 Reihen großer Knochenschilder sind vorhanden. Die Schwanzflosse ist heterocerk, ihre obere Kante trägt sich dachziegelartig deckende Schuppen (Fulcra). Der Mund liegt ventral, er ist zahnlos oder mit sehr kleinen Zähnchen bewehrt. Spritzlöcher, Pseudobranchien und Opercularkiemen sind vorhanden oder fehlen. Die Kiemenhautstrahlen sind nur spärlich vertreten oder fehlen gänzlich. Die Schwimmblase ist normal entwickelt. Der Mitteldarm besitzt eine gut ausgebildete Spiralklappe. Die Jungen besitzen nach dem Ausschlüpfen einen Dottersack.

2 Familien, von denen eine in 2 Unterfamilien zerfällt, 6 Gattungen, von denen 1 in 3 Untergattungen zerfällt, 25 Arten, von denen 3 in 6 Rassen zerfallen, 12 sichere Bastarde und 1 unsicherer Bastard.

Bestimmungstabelle der Familien:

In der Haut liegen 5 Reihen großer Knochenschilder, zwischen die kleinere Plättchen eingestreut sind, oder die Haut ist nackt und nur die 5 Reihen Knochenschilder sind vorhanden; Mund klein und zahnlos; die Schnauze trägt ventral 4 Barteln; keine Kiemenhautstrahlen . . . . 1. Fam. **Acipenseridae**

Die Haut ist nahezu nackt oder mit winzigen Knochenkörnern bedeckt; Mund weit, mit zahlreichen kleinen Zähnen; die Schnauze ist zu einem langen, dünnen Blatt verlängert und trägt ventral keine oder nur ein Paar sehr kleiner Barteln; Kiemenhautstrahlen sind vorhanden . . . . 2. Fam. **Polyodontidae**

1. Fam. **Acipenseridae**

1825 *Gymnorhynci*, Latreille, Fam. Règne an., p. 114 | 1832 *Acipenseridae* (part.), Bonaparte in: Giorn. arcad., v. 49 p. 41 | 1835 *Cataphracta* + *Sturiones*, J. Müller, Vergl. Anat. Myxinoiden, p. 9 | 1836 *Sturionideae* (part.), J. Richardson in: Fauna Bor.-Amer., v. 3 p. 278 | 1838 *Acipenseridae*, Bonaparte in: N. Ann. Bologna, v. 2 p. 131 | 1839 *Sturionidae*, W. Swainson, Hist. Classif. Fish., v. 2 p. 193, 322 | 1845 *Acipenserini*, J. Müller in: Arch. Naturg., v. 11 I p. 137 | 1846 *Sturionidae*, Rich. Owen, Lect. vert. Anat., v. 1 p. 50 | 1852 *Sturiones* (part.), Hoeven, Handb. Zool., ed. 2 v. 2 p. 79 | 1861

Sturionoidae, T. Gill in: P. Ac. Philad., *v.* 19 suppl. p. 58 | 1862 *Spatularidae* (part.), Kaup in: Arch. Naturg., *v.* 28 I p. 280 | 1870 *Acipenseridae*, Alb. Günther, Cat. Fish. Brit. Mus., *v.* 8 p. 332 | 1872 *Acipenserida*, Schmarda, Zool., *v.* 2 p. 311 | 1873 *Acipenseres*, Fitzinger in: SB. Ak. Wien, *v.* 67 I p. 52 | 1911 *Acipenseridae*, L. S. Berg in: Faune Russie, Poissons *v.* 1 p. 129 | 1932 *A.*, Grobben in: Claus-Grobben-Kühn, Lehrb. Zool., ed. 10 p. 931.

Knorpelganoiden mit 5 Reihen großer, in der Haut liegender Knochenschilder; eine Reihe verläuft in der Mittellinie des Rückens, eine Reihe auf jeder Körperseite ungefähr in deren Mitte, beginnend an der oberen Ecke des Operculum und an der Basis der Caudale endigend und schließlich 2 Reihen am Bauche; zwischen diesen Schilderreihen sind unregelmäßig größere und kleinere Knochenplättchen in die Haut eingesenkt oder die Haut ist an diesen Stellen nackt. Kiemenhautstrahlen fehlen stets. Der Mund ist klein und zahnlos; jugendliche Tiere der Gattung *Acipenser*, die noch im Besitze des Dottersackes sind, weisen am Mundrand sehr kleine, zarte Zähnchen auf, die aber bald verloren gehen. Die Schnauze trägt an ihrer ventralen Seite 4 Barteln.

2 Unterfamilien, 4 Gattungen, von denen 1 in 3 Untergattungen zerfällt, 23 Arten, von denen 3 in 6 Rassen zerfallen, 12 sichere Bastarde und 1 unsicherer Bastard.

Bestimmungstabelle der Unterfamilien:

Spritzlöcher und Pseudobranchien vorhanden; Opercularkiemen gut entwickelt . . . . A. Subfam. **Acipenserinae**

Spritzlöcher und Pseudobranchien fehlen; Opercularkiemen sehr schwach entwickelt oder rudimentär . . . . B. Subfam. **Scaphirhynchinae**

A. Subfam. Acipenserinae

1845 *Acipenserini*, Bonaparte in: Atti Sci. Ital., *v.* 6 p. 387 | 1850 *A.*, Bonaparte, Consp. Syst. Ichthyol. | 1862 *Accipenserinae*, Kaup in: Arch. Naturg., *v.* 28 I p. 280 | 1893 *Acipenserinae*, T. Gill in: Mem. Ac. Washington, *v.* 6 p. 138 | 1911 *Acipenserini*, L. S. Berg in: Faune Russie, Poissons *v.* 1 p. 144.

Die Spritzlöcher und die Pseudobranchien sind vorhanden; die Opercularkiemen sind gut entwickelt.

2 Gattungen, von denen eine in 3 Untergattungen zerfällt, 17 Arten, von denen 3 in 6 Rassen zerfallen, 12 sichere Bastarde und 1 unsicherer Bastard.

Bestimmungstabelle der Gattungen:

Die Kiemenhäute bilden über dem Isthmus eine rückwärts freie Falte und sind miteinander verwachsen; der Mund ist halbmondförmig und liegt über der ganzen Unterseite der Schnauze; die Mundwinkel erreichen die Seitenkanten des Kopfes oder sie liegen auf denselben . . . . . 2. Gen. **Huso**

Die Kiemenhäute bilden keine rückwärts freie Falte und sind mit dem Isthmus verwachsen; der Mund ist quer, die Mundwinkel erreichen niemals die Seitenkante des Kopfes . . . . 1. Gen. **Acipenser**

1. Gen. Acipenser L.

1758 *A.* (part.), Linné, Syst. Nat., ed. 10 p. 237 | 1771 *Sturio,* G. Edwards in: Catesby, Nat. Hist. Carolina, revis. ed. *v.* 1 p. XXXIII | 1801 *Acipenses* (part.), M. E. Bloch & J. G. Schneider, Syst. Ichthyol., p. 347 | 1810 *Sturio*, Rafinesque, Indice Ittiol. Sicil., p. 41, 58 | 1820 *Accipenser* (part.) + Subgen. *Sturio* + Subgen. *Sterletus* +

Dinectus, Rafinesque, Ichthyol. Ohiens., p. 79, 80, 82 | 1833 *Acipenser* (part.) + *Sturiones* + *Sterletae* + *Helopes*, J. F. Brandt in: J. F. Brandt & Ratzeburg, Med. Zool., *v.* 2 p. 1, 3, 349, 352, 353 | 1835 *Sturio* (part.) + Subgen. *Sturio* + Subgen. *Sterleta* + Subgen. *Helops*, J. Müller, Vergl. Anat. Myxinoiden, p. 9 | 1836 *Acipenser* (part.) + *Lionisci* + *Acipenseres* + *Helopes* + *Antacei* + *Sturiones* + *Husones* (part.), Fitzinger & Heckel in: Ann. Wien. Mus., *v.* 1 p. 264, 270, 275, 287, 292, 303, 313 | 1836 *Sturionidae* (part.), J. Richardson in: Fauna Bor.-Amer., *v.* 3 p. 278 | 1846 *Lioniscus* + *Antaceus* + *Helops* + *Sterletus* + *Acipenser*, Bonaparte, Cat. Pesci Eur., p. 20, 21 | 1851 *Acipenser* (part.) + Subgen. *Lioniscus* + Subgen. *Acipenser* + Subgen. *Helops* + Subgen. *Antaceus* + Subgen. *Sturio* + Subgen. *Huso* (part.), J. E. Gray, List Fish Brit. Mus., *v.* 1 p. 4, 6, 9, 11, 12, 15 | 1867 *Acipenser* (part.) + Subgen. *Huso* (part.) + Subgen. *Acipenser* + Subgen. *Antaceus* + Subgen. *Sterletus* (part.) + Subgen. *Lioniscus* + Subgen. *Helops*, A. Duméril in: N. Arch. Mus. Paris, *v.* 3 p. 139, 141, 157, 158, 160, 162 | 1869 *Sturiones* + Subgen. *Sturio* + Subgen. *Antacaeus* + *Helopes* + Subgen. *Helops* + *Shipacei* + Subgen. *Shipa* + *Sterledi* + Subgen. *Sterledus*, J. F. Brandt in: Bull. Ac. St.-Pétersb., *v.* 14 p. 172, 173 | 1870 *Acipenser* (part.) + Subgen. *Huso* (part.) + Subgen. *Acipenser* + Subgen. *Antaceus* + Subgen. *Sterletus* + Subgen. *Lioniscus* + Subgen. *Helops*, A. Duméril, Hist. nat. Poissons, *v.* 2 p. 87, 89, 90, 163, 182, 199, 244, 261 | 1870 *Acipenser* (part.), Alb. Günther, Cat. Fish. Brit. Mus., *v.* 8 p. 333 | 1904 *A.*, L. S. Berg in: Zool. Anz., *v.* 27 p. 666 | 1907 *A.* + *Sturio*, W. Meißner in: Trudy Kasan. Univ., *v.* 40 p. 35, 36 | 1911 *A.* + Subgen. *Lioniscus* + Subgen. *Acipenser* + Sect. *Sterledus* + Sect. *Acipenser* + Subgen. *Helops*, L. S. Berg in: Faune Russie, Poissons *v.* 1 p. 172, 175, 200, 244, 291 | 1924 *Aciponser*, Drensky in: Trav. Soc. Bulgare, *v.* 11 p. 52.

Die Kiemenhäute sind mit dem Isthmus verwachsen und bilden keine rückwärts freie Falte. Der Mund ist quer, die Mundwinkel erreichen auf Grund der Kleinheit des Mundes niemals die Seiten des Kopfes. Spritzlöcher und Pseudobranchien sind vorhanden. Die Opercularkiemen sind gut entwickelt. Die Schnauze ist kegel- oder schwertförmig und oben und an den Seiten mit Knochenplatten bedeckt. Die Bartfäden haben einen runden Querschnitt. Die Kiemenreusenzähne sind stäbchenförmig. Der Schwanzstiel ist nicht dorso-ventral abgeplattet, der obere Schwanzflossenlappen ist nicht fadenförmig verlängert. Die Schwimmblase ist groß.

Größtenteils marin anadrom, nur wenige Arten sind reine Süßwasserbewohner.

Europa, Nordasien, Nordamerika.

3 Untergattungen, 15 Arten, von denen 3 in 6 Rassen zerfallen.

Bestimmungstabelle der Untergattungen:

1	Die Unterlippe ist in der Mitte nicht unterbrochen	c) Subgen. **Lioniscus**
	Die Unterlippe ist in der Mitte unterbrochen — 2	
2	Die Schnauze ist mäßig lang, ihre Länge ist geringer als $^3/_5$ der Kopflänge; sie ist stumpf- oder spitzkonisch	a) Subgen. **Acipenser**
	Die Schnauze ist lang und schwertförmig, ihre Länge ist mindestens $^3/_5$ oder größer als $^3/_5$ der Kopflänge	b) Subgen. **Gladostomus**

a) Subgen. **Acipenser** L.

1758 *Acipenser* (part.), Linné, Syst. Nat., ed. 10 p. 237 | 1833 *Husones* (part.) + *Sturiones* + *Sterletae* (part.), J. F. Brandt in: J. F. Brandt & Ratzeburg, Med. Zool., *v.* 2 p. 3, 349, 352, 353 | 1835 *Sturio* + *Sterleta*, J. Müller, Vergl. Anat. Myxinoiden, p. 9 | 1836 *Acipenseres* + *Antacei* + *Sturiones* + *Husones* (part.), Fitzinger & Heckel in: Ann. Wien. Mus., *v.* 1 p. 270, 275, 292, 303, 313 | 1846 *Antaceus* + *Sterletus* + *Acipenser*, Bonaparte, Cat. Pesci Eur., p. 20, 21 | 1851 *Acipenser* + *Antaceus* + *Sturio* + *Huso* (part.), J. E. Gray, List Fish Brit. Mus., *v.* 1 p. 6, 11, 12, 15 | 1867 *Huso* (part.) + *Acipenser* + *Antaceus* + *Sterletus* (part.), A. Duméril in: N. Arch.

Mus. Paris, *v.* 3 p. 141, 157, 158, 160, 162 | 1869 *Sturio* + *Antacaeus* + *Sterledus*, J. F. Brandt in: Bull. Ac. St.-Pétersb., *v.* 14 p. 172, 173 | 1870 *Huso* (part.) + *Acipenser* + *Antaceus* + *Sterletus*, A. Duméril, Hist. nat. Poissons, *v.* 2 p. 89, 182, 199, 244 | 1911 *Acipenser* + Sect. *Sterledus* + Sect. *Acipenser*, L. S. Berg in: Faune Russie, Poissons *v.* 1 p. 200, 244.

Die mäßig lange Schnauze, deren Länge niemals $^{3}/_{5}$ der Kopflänge erreicht, letztere von der Schnauzenspitze bis zu den Kiemenöffnungen gemessen, ist stumpf- oder spitzkonisch. Die Unterlippe ist in der Mitte unterbrochen.

Größtenteils marin anadrom, nur wenige Arten sind reine Süßwasserbewohner.

Europa, Nordasien, Nordamerika.

13 Arten, von denen 2 in 4 Rassen zerfallen.

Bestimmungstabelle der Arten:

1	Mehr als 51 Seitenschilder	2. **A. (A.) ruthenus**
	Höchstens 51 Seitenschilder — **2**	
2	Die Rückenflosse wird von mehr als 60 Strahlen gestützt	7. **A. (A.) kikuchii**
	Die Rückenflosse wird von weniger als 60 Strahlen gestützt — **3**	
3	Die Haut zwischen den Knochenschilderreihen ist vollkommen nackt, ohne irgendwelche Hartgebilde	9. **A. (A.) chinensis**
	In der Haut zwischen den Knochenschilderreihen finden sich Hartgebilde in Form von größeren und kleineren Knochenplättchen und -körnern — **4**	
4	Die Knochenschilder zwischen den Bauchflossen und der Afterflosse sind sehr klein und stehen stets in 2 Reihen; ihre Anzahl beträgt 4—8	10. **A. (A.) transmontanus**
	Die Knochenschilder zwischen den Bauchflossen und der Afterflosse sind sehr groß und stehen in einer oder in 2 Reihen; stehen sie 2reihig, dann werden diese 2 Reihen unmittelbar vor der Afterflosse durch ein unpaares Knochenschild abgeschlossen; die Anzahl der Knochenschilder beträgt 1—4 — **5**	
5	Die Haut zwischen den Rücken- und Seitenschildern ist bei erwachsenen Exemplaren nur mit kleinen Knochenkörnern ohne größere Plättchen bedeckt — **6**	
	Die Haut zwischen den Rücken- und Seitenschildern ist bei erwachsenen Exemplaren außer mit kleinen Knochenkörnern noch mit größeren, mehr oder weniger zahlreichen Plättchen bedeckt — **9**	
6	Mehr als 32 Afterflossenstrahlen; mehr als 11 Bauchschilder; Japan	8. **A. (A.) multiscutatus**
	Höchstens 32 Afterflossenstrahlen; höchstens 11 Bauchschilder; Nordamerika; Amurgebiet — **7**	
7	Die Schnauze ist sehr kurz, ihre Länge beträgt höchstens $^{1}/_{4}$ der Kopflänge; Bauchschilder 6—9; Rückenschilder 8—11; Nordamerika . .	13. **A. (A.) brevirostrum**
	Die Schnauze ist mäßig kurz, aber immer länger als $^{1}/_{4}$ der Kopflänge; Bauchschilder 7—11; Rückenschilder 11 (9)—17 — **8**	

8 D. 38—58; A. 20—32; Rückenschilder 11—17; Seitenschilder 32—47; Bauchschilder 7—10; Amurgebiet . . . . 6. **A. (A.) schrenckii**
D. 34—42 (30—50); A. 23—28 (20—30); Rückenschilder 11 (9)—16; Seitenschilder 30—40 (27—42); Bauchschilder 7—11; Nordamerika 12. **A. (A.) fulvescens**

9 Die Schnauze ist kurz, mehr oder weniger rundlich abgestumpft; die Bartfäden entspringen meist dem Schnauzenende näher als dem Mund — **10**
Die Schnauze ist verlängert und zugespitzt; die Bartfäden entspringen dem Munde näher als dem Schnauzenende — **12**

10 Die Haut zwischen den Rücken- und Seitenschildern ist mit verstreut stehenden, großen Knochenplättchen bedeckt; alle Verknöcherungen der Haut sind deutlich radiär-körnig gestreift; Gebiete des Schwarzen und des Kaspischen Meeres 4. **A. (A.) güldenstädti**
Die Haut zwischen den Rücken- und Seitenschildern ist mit vereinzelt stehenden, sternförmigen, kleinen Knochenplättchen bedeckt; die Hautverknöcherungen sind entweder deutlich oder schwach radiär-körnig gestreift; Adria, Nord-Italien; Sibirien — **11**

11 Die Hautverknöcherungen sind deutlich radiärkörnig gestreift; D. 33—48; A. 20—32; Rückenschilder 11—14; Seitenschilder 32—42; Bauchschilder 8—11; Adria, Norditalien . . . . 3. **A. (A.) naccarii**
Die Hautverknöcherungen sind schwach radiärkörnig gestreift; D. 37—50; A. 21—27; Rückenschilder 13—16; Seitenschilder 37—51; Bauchschilder 8—13; Sibirien . . . . 5. **A. (A.) baerii**

12 Die Haut zwischen den Rücken- und Seitenschildern ist mit rhombischen Knochenplättchen bedeckt, die zu regelmäßigen, dicht beieinander liegenden Reihen angeordnet sind . . . . 1. **A. (A.) sturio**
Die Haut zwischen den Rücken- und Seitenschildern ist mit unregelmäßig stehenden, sternförmigen Knochenplättchen bedeckt . . . . 11. **A. (A.) medirostris**

1. **A. (A.) sturio** L. 1754 *A. europaeus*, Linné, Mus. Adolph. Frider., p. 54 t. 28 f. 2 | 1758 *A. Sturio*, Linné, Syst. Nat., ed. 10 p. 237 | 1789 *A. S.* (part.), J. F. Gmelin-Linné, Syst. Nat., ed. 13 *v.* 1 pars 3 p. 1483 | 1801 *Acipenses S.* + *Lichtensteinii* + *Acipenser L.*, M. E. Bloch & J. G. Schneider, Syst. Ichthyol., p. 347, 348 t. 69 | 1810 *Sturio vulgaris*, Rafinesque, Indice Ittiol. Sicil., p. 41 | 1814 *Acipenser sturio* + *oxyrinchus*, S. L. Mitchill, Rep. Fish. N.-York, p. 462 | 1820 *Accipenser attilus*, Rafinesque, Ichthyol. Ohiens., p. 79 | 1831 *Acipenser Sturio* (part.), Pallas, Zoogr. Rosso-Asiat., *v.* 3 p. 91 t. 4 | 1833 *A. s.* (part.) + *Lichtensteini*, J. F. Brandt in: J. F. Brandt & Ratzeburg, Med. Zool., *v.* 2 p. 17, 21 (nota) t. 2 f. 1, t. 3 f. 1 | 1836 *A. oxyrhynchus* + *S.*, Fitzinger & Heckel in: Ann. Wien. Mus, *v.* 1 p. 286, 307 t. 27 f. 8, t. 28 f. 3 (Kopf von oben), 4 (Kopf von unten) | 1838 *A. latirostris*, Parnell in: Mem. Werner. Soc., *v.* 7 p. 405 t. 39 (Kopf von oben und unten, 5. Rückenschild) | 1841 *A. Thompsoni*, Ball MS in: Thompson in: Rep. Brit. Ass., *v.* 10 p. 397 | 1842 *A. oxyrhincus*, De Kay in: Nat. Hist. N. York, Zool. *v.* 1 p. 346 t. 58 f. 189 | 1851 *A. atillus*, J. E. Gray, List Fish Brit. Mus., *v.* 1 p. 13 | 1853 *A. hospitus*, Krøyer, Danmarks Fiske, *v.* 3 pars 2 p. 780 | 1858 *A. Sturio*, Heckel & Kner, Süssw.-Fische Oesterr. Monarch., p. 362 f. 194, 195 (Kopf von oben), 196 (Kopf von unten) | 1860 *A. sturioides*, Malm in: Forh. Skand. Naturf., *v.* 8 p. 618 | 1867 ?*A.* (*Antaceus*) *Hallowellii* + *Lecontei*, A. Duméril in: N. Arch. Mus. Paris, *v.* 3 p. 172, 177 t. 16 f. 1 [*A.* (*A.*) *Lecontei*], 1a (desgl., Knochenplättchen), 2 (desgl., Kopf von

oben) | 1870 *A. (Huso) Fitzingeri*, Valenciennes MS in: A. Duméril, Hist. nat. Poissons, *v.* 2 p. 97 t. 20 f. 4 (Kopf von oben), 4a (6. Rückenschild) | 1870 *A. (H.) ducissae* + *Nehelae* + *podapos* + *oxyrhynchus* + *Gillii* + *Mitchillii* + *Kennicottii* + *Girardii* + *macrorhinus* + *megalaspis* + *Milberti* + *Bairdii* + *Storeri* + *Holbrookii* + *Valenciennii* + *A. (Acipenser) sturio* + *cayennensis* + *latirostris* + *A. hospitus* + *sturioides* + *A. (Antaceus) Yarrellii* + *Thompsoni* + *?Hallowellii* + *Lecontei*, A. Duméril, Hist. nat. Poissons, *v.* 2 p. 98, 100, 102, 106, 110, 116, 130, 132, 133, 135, 137, 145, 147, 180, 184, 189, 195, 197, 198, 215, 217, 228, 232 t. 15 *[A. (Huso) Gillii]*: f. 2 (Kopf von oben), 2a (5. Seitenschild), 2b (Knochenplättchen); *[A. (H.) Kennicottii]*: f. 3 (Kopf von oben), 3a (5. Seitenschild), 3b (Knochenplättchen) & t. 17 f. 6 (Bartfaden); t. 17 *[A. (A.) sturio]*: f. 10 (Knochenplättchen) & t. 20 f. 1 & 2 (Gehirn); t. 20 *[A. (Huso) ducissae]*: f. 5 (Kopf von oben), 5a (6. Rückenschild); *[A. (H.) Nehelae]*: f. 6 (Kopf von oben), 6a (6. Rückenschild) | 1870 *A. sturio*, Alb. Günther, Cat. Fish. Brit. Mus., *v.* 8 p. 342 | 1882 *A. s.* + var. *oxyrhynchus*, D. S. Jordan & Gilbert in: Bull. U. S. Mus., *v.* 16 p. 85, 86 | 1896 *A. s.* + *s. o.*, D. S. Jordan & Evermann, ibid., *v.* 47' p. 105 t. 20 f. 45 | 1903 *A. s.*, T. H. Bean in: Bull. N. York Mus., nr. 60 p. 63 | 1905 *A. S.*, Antipa in: Ber. Int. Fisch.-Kongr. Wien, p. 1, 5, 8, 16 | 1909 *A. s.*, Antipa, Fauna Ichtiol. Romȃniei, p. 262 t. 23 f. 116, 116a (4. und 5. Rückenschild), 116b (2. Seitenschild), 117 & 118 (Köpfe von oben), 119 (Kopf und vordere Körperhälfte von unten), 119a (Kopf von unten) | 1909 *A. s.*, C. Vogt & B. Hofer, Süßw.-Fische Mitteleur., p. 217 t. 1 f. 5 & 6 | 1911 *A. [A. (A.)] s.*, L. S. Berg in: Faune Russie, Poissons *v.* 1 p. 278 | 1927 *A. s.*, Ehrenbaum in: Tierw. Nord- und Ostsee, Teil 12 f_1 p. 3 f. 1 | 1932 *A. [A. (A.)] s.*, L. S. Berg, Poissons U.R.S.S., *v.* 1 p. 62 f. 72 (cop. Antipa).

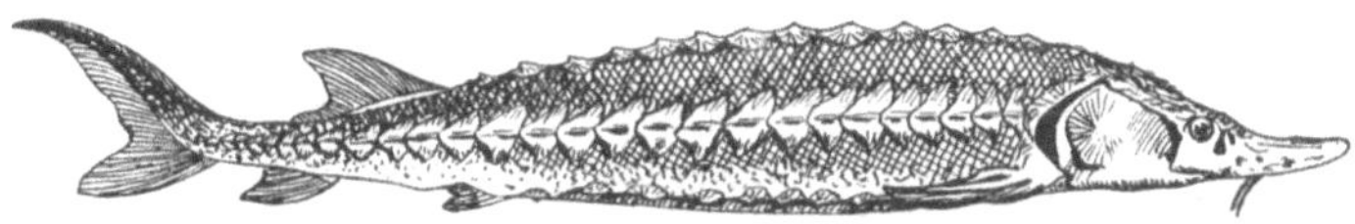

Fig. 20.
Acipenser (Acipenser) sturio L. (Nach Antipa, umgezeichnet und vereinfacht.)

D. 31—41; A. 22—27; Rückenschilder 9—14; Seitenschilder 24—36; Bauchschilder 8—14. Die Knochenschilder nicht besonders stark radiärkörnig gestreift; zwischen den Rücken- und Seitenschildern ist die Haut mit rhombischen Knochenplättchen bedeckt, die zu regelmäßigen, dicht beieinander liegenden Reihen angeordnet sind. Die Schnauze ist verlängert und zugespitzt, die Bartfäden entspringen dem Munde näher als dem Schnauzenende, häufig entspringen sie in der Mitte zwischen beiden. Die Färbung ist oberseits olivgrau, braungrau, gelbbraun, oder mehr oder weniger dunkelbraun, manchmal mit schwachem grünlichen Ton; die Körperunterseite ist silberweiß und glänzend. L. gewöhnlich bis ungefähr 3 m, in seltenen Fällen bis 6 m (Fig. 20).

Marin anadrom.

Sehr weit verbreitet: nördlichste Küstengebiete Europas; östliche Teile der Ostsee, selten im Finnischen und Bottnischen Meerbusen; Atlantische Küste Europas, Mittelmeer bis zum Schwarzen Meer. Atlantische Küste von Nordamerika, weiter in den größeren Flüssen und Seen der Vereinigten Staaten und von Kanada.

2. **A. (A.) ruthenus** L. 1754 *A. ruthenicus*, Linné, Mus. Adolph. Frider., p. 54 t. 27 f. 2, t. 28 f. 1 | 1758 *A. ruthenus*, Linné, Syst. Nat., ed. 10 p. 237 | 1784 *A. r.*, M. E. Bloch, Naturg. Fische Deutschl., *v.* 3 p. 98 t. 89 | 1831 *A. pygmaeus*, Pallas, Zoogr. Rosso-Asiat., *v.* 3 p. 102 t. 16 | 1833 *?A. Marsiglii*, J. F. Brandt in: J. F. Brandt & Ratzeburg, Med. Zool., *v.* 2 p. 352 | 1834 *A. Kamensis* + *camensis* (in tabula), Lovetzky in: N. Mém. Soc. Moscou, *v.* 3 p. 262 t. 16 f. 2 | 1836 *A. Gmelini* (part.) + *Ruthenus*, Fitzinger & Heckel in: Ann. Wien. Mus., *v.* 1 p. 276, 279 t. 25 f. 2, t. 26 f. 5, t. 30

f. 15—17 (Köpfe von oben und unten) | 1836 *A. dubius* (nom. nud.), Heckel MS in: Fitzinger & Heckel in: Ann. Wien. Mus., *v.* 1 p. 276 | 1846 *Sterletus ruthenus* + *Gmelini*, Bonaparte, Cat. Pesci Eur., p. 21 | 1853 *Acipenser r.* var. *leucotica* + var. *grisescens*, J. F. Brandt in: Mél. biol., *v.* 1 p. 320 f. 1, 2 | 1858 *A. r.* + *A. Gmelini*, Heckel & Kner, Süssw.-Fische Oesterr. Monarch., p. 337, 340 f. 172, 175; 173, 174, 176, 177 (Köpfe von oben und unten) | 1870 *A. (A.) r.* + *A. (Sterletus) G.* + *nudiventris* (non Lovetzky) + *Lovetzkyi*, A. Duméril, Hist. nat. Poissons, *v.* 2 p. 246, 250, 252, 254 t. 19 *[A. (A.) ruthenus]:* f. 2 (Kopf von unten), 2a (Schleimkanäle der Haut von der Unterseite der Schnauze) | 1870 *A. (S.) Kankreni*, Valenciennes MS in: A. Duméril, ibid., *v.* 2 p. 256 | 1870 *A. ruthenus* + var. *gmelini*, Alb. Günther, Cat. Fish. Brit. Mus., *v.* 8 p. 335 | 1874 *Sterledus r.* var. *sibiricus*, Dybowski in: Verh. Ges. Wien, *v.* 24 p. 394 | 1892 *Acipenser r.* var., Mojsisović in: SB. Ak. Wien, *v.* 101 I p. 330 | 1895 *A. jeniscensis* (nom. nud.), Herzenstein in: Wjestnik Rybopr., *v.* 10 p. 79 | 1902 *A. ruthenus* + *a albinea* + var. *birostrata* + var. *obtusirostris* + var. *septemcarinata*, Brusina in: Rad Jugoslav. Ak., *v.* 149 p. 62, 64—66 | 1904 *A. r.*, L. S. Berg in: Zool. Anz., *v.* 27 p. 666 | 1905 *A. r.*, Antipa in: Ber. Int. Fisch.-Kongr. Wien, p. 12 | 1909 *A. r.* + var. *alba* + var. *erytraea* + var. *brevirostris*, Antipa, Fauna Ichtiol. României, p. 246, 249, 250 t. 17 f. 92 *(A. r.):* 92a (Kopf von unten), 92b (Kopf von oben), 92c (3 Seitenschilder aus der Körpermitte), 92d (Hautstück zwischen den Rücken- und Seitenschildern), 92e (letztes Rückenschild), 92f (1. Rückenschild); f. 94 *(A. r.* var. *brevirostris):* 94a (Kopf von unten), 94b (Kopf und vordere Körperhälfte von oben); t. 31 f. 93 *(A. r.* var. *erytraea)*, 93a *(A. r.* var. *alba)* | 1909 *A. r.*, C. Vogt & B. Hofer, Süßw.-Fische Mitteleur., p. 225 t. 3 f. 1 | 1911 *A. [A. (Sterledus)] r.* + *A. [A. (S.)] r.* morpha *kamensis*, L. S. Berg in:

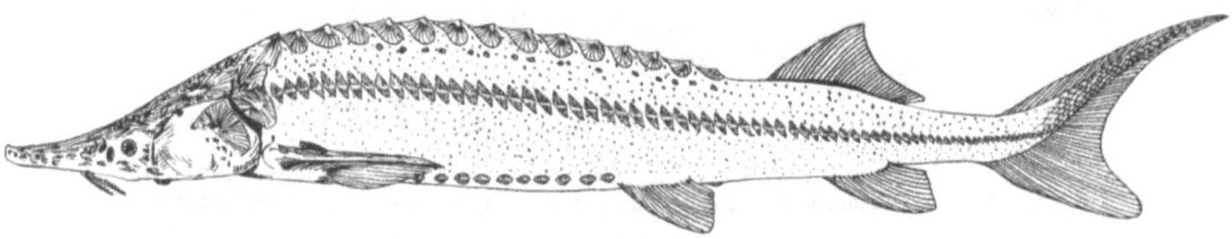

Fig. 21.
Acipenser (Acipenser) ruthenus L. (Nach L. S. Berg, umgezeichnet.)

Faune Russie, Poissons *v.* 1 p. 200, 209 t. 6 *(A. [A. (S.)] r.):* f. 1, 2 (Kopf von oben), 3 (Kopf von unten); t. 7 f. 2a (Kopf von der Seite), 2b (Kopf von oben); t. 7 *(A. [A. (S.)] r.* morpha *kamensis):* f. 1a (Kopf von der Seite), 1b (Kopf von oben) | 1932 *A. [A. (S.)] r.* + morpha *k.*, L. S. Berg, Poissons U.R.S.S., *v.* 1 p. 51, 52 f. 54 *(A. [A. (S.)] r.)*, 55 (Kopf von unten), 56 (Kopf von der Seite); f. 57 *(A. [A. (S.)] r.* morpha *k.)* (Kopf von der Seite), 58 (Kopf von oben).

D. 41—48 (selten 54); A. 22—27 (selten 33); Rückenschilder 13—17 (selten 12); Seitenschilder 60—71 (selten 58); Bauchschilder 13—16 (selten 12—18). Die Schnauze ist ziemlich lang und pfriemenförmig oder kurz und kegelförmig; die zahlreichen Seitenschilder schließen dicht aneinander; zwischen den Knochenschilderreihen liegen kleine Knochenkörner und -plättchen in der Haut, wobei jene zwischen den Seiten- und Rückenschildern etwas größer sind als die zwischen den Seiten- und Bauchschildern. Im allgemeinen sind die Hartgebilde der Haut nicht besonders stark skulpturiert. Die Bartfäden sind an der Innenseite gefranst und reichen zurückgelegt bis an den Mund. Die Färbung ist oberseits dunkelgrau, graubraun bis schwärzlichbraun, mit einem bläulichen Schimmer; unterseits ist die Färbung im allgemeinen schmutzigweiß; die Flossen sind mit Ausnahme der After- und Bauchflossen, welch letztere eine rötliche Tönung aufweisen, grau gefärbt; die Rückenschilder sind grau, die Seiten- und Bauchschilder sind weißlich gefärbt. L. bis 1 m (Fig. 21, 22).

Dürfte wohl nur im Süßwasser vorkommen, an Meeresküsten nur in Flußmündungen, die stark ausgesüßt sind.

Ströme und deren Mündungsgebiete die in das Schwarze und Kaspische Meer münden; Sibirische Ströme (Ob).

Diese Art zerfällt in 2 Rassen.

2a. **A. (A.) ruthenus** L. forma **ruthena** L. 1758 *A. ruthenus*, Linné, Syst. Nat., ed. 10 p. 237 | 1911 *A. [A. (Sterledus)] r.*, L. S. Berg in: Faune Russie, Poissons v. 1 p. 200 t. 6 f. 1, 2 (Kopf von oben), 3 (Kopf von unten), t. 7 f. 2a (Kopf von der Seite), 2b (Kopf von oben) | 1932 *A. [A. (S.)] r.*, L. S. Berg, Poissons U.R.S.S., v. 1 p. 51 f. 54, 55 (Kopf von unten), 56 (Kopf von der Seite).

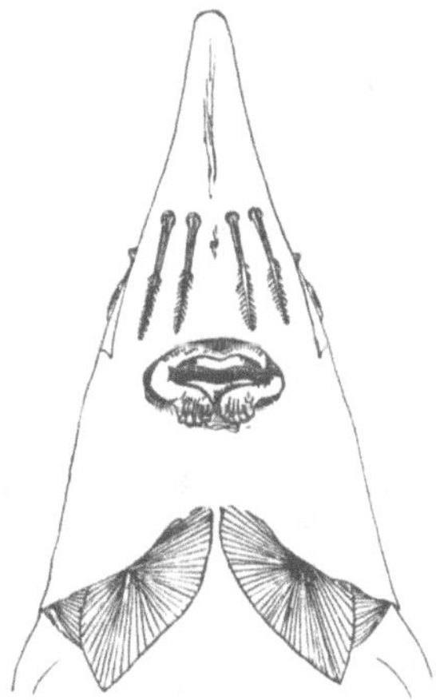

Fig. 22.
Acipenser (Acipenser) ruthenus L. Kopf von unten. (Nach L. S. Berg, vereinfacht.)

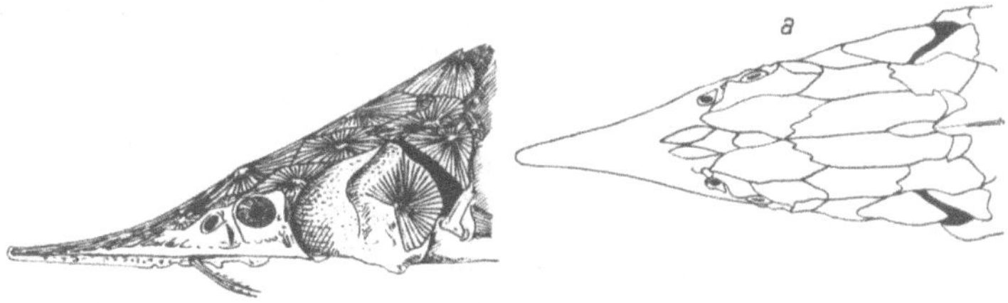

Fig. 23.
Acipenser (Acipenser) ruthenus L. forma **ruthena** L. Kopf von der Seite und *a* von oben. (Nach L. S. Berg, umgezeichnet.)

Die Schnauze ist lang und pfriemenförmig, das obere Kopfprofil ist sanft ansteigend (Fig. 23).

Vorkommen wie oben.

2b. **A. (A.) ruthenus** L. forma **kamensis** Lovetzky 1834 *A. Kamensis + camensis* (in tabula), Lovetzky in: N. Mém. Soc. Moscou, v. 3 p. 262 t. 16 f. 2 | 1836 *A. Gmelini* (part.), Fitzinger & Heckel in: Ann. Wien. Mus., v. 1 p. 276 t. 25 f. 2, t. 30 f. 17 (Kopf von oben), 18 (Kopf von unten) | 1870 *?A. (Sterletus) Lovetzkyi*, A. Duméril, Hist. nat. Poissons, v. 2 p. 254 | 1870 *?A. (S.) Kankreni*, Valenciennes MS in: A. Duméril, ibid., v. 2 p. 256 | 1902 *A. ruthenus* var. *obtusirostris*, Brusina in: Rad Jugoslav. Ak., v. 149 p. 66 | 1909 *A. r.* var. *brevirostris*, Antipa, Fauna Ichtiol. României, p. 250

t. 17 f. 94, 94a (Kopf von unten), 94b (Kopf und vordere Körperhälfte von oben) | 1911 *A. [A. (Sterledus)] r.* morpha *kamensis*, L. S. Berg in: Faune Russie, Poissons *v.* 1 p. 209 t. 7 f. 1a (Kopf von der Seite), 1b (Kopf von oben) | 1932 *A. [A. (S.)] r.* morpha *k.*, L. S. Berg, Poissons U.R.S.S., *v.* 1 p. 52 f. 57 (Kopf von der Seite), 58 (Kopf von oben).

Die Schnauze ist kurz und kegelförmig, das obere Kopfprofil steil ansteigend (Fig. 24).

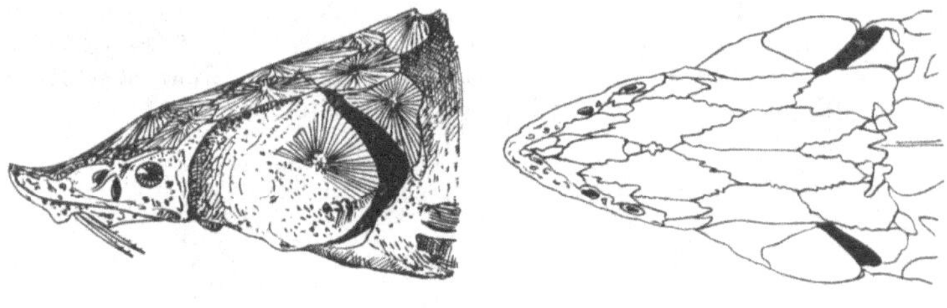

Fig. 24.
Acipenser (Acipenser) ruthenus L. forma **kamensis** Lovetzky. Kopf von der Seite und *a* von oben. (Nach L. S. Berg, umgezeichnet.)

Kama, Wolga und deren Mündungsgebiet, sowie andere Flüsse, die in das Kaspische Meer münden; auch in der unteren Donau und sonstigen Flüssen, die in das Schwarze Meer münden.

3. **A. (A.) naccarii** Bp. 1789 *A. Sturio* (part.), J. F. Gmelin-Linné, Syst. Nat., ed. 13 *v.* 1 pars 3 p. 1484 | 1820 ? *Accipenser lutescens* (nom. nud.), Rafinesque, Ichthyol. Ohiens., p. 79 | 1833 *Acipenser Heckelii* (nom. nud.), J. F. Brandt in: J. F. Brandt & Ratzeburg, Med. Zool., *v.* 2 p. 3, 5, 29 | 1834 *A. Geckelii* (nom. nud.), Lovetzky in: N. Mém. Soc. Moscou, *v.* 3 p. 257 | 1836 *A. Naccarii*, Bonaparte, Iconogr. Fauna Ital., *v.* 3 f. | 1836 *A. Heckelii* + *platycephalus* (nom. nud., Heckel MS) + *Heckelii* (nom. nud., Fitzinger MS) + *Naccarii* (nom. nud., Bonaparte MS) + *Sturionellus* (nom. nud., Nardo MS), Fitzinger & Heckel in: Ann. Wien. Mus., *v.* 1 p. 303, 304 t. 26 f. 4, t. 27 f. 11 (Kopf von oben), 12 (Kopf von unten) | 1846 *A. Naccarii*, Bonaparte, Cat. Pesci Eur., p. 21 | 1851 *A. nasus* + *Naccarii* + *Nardoi*, Heckel in: SB. Ak. Wien, *v.* 7 I p. 552, 555, 557 t. 23, 24 f. 1, 2 | 1858 *A. Naccarii* + *Nardoi* + *Heckelii* + *nasus*, Heckel & Kner, Süssw.-Fische Oesterr. Monarch., p. 353, 355, 357, 360 f. 189; f. 187—193 (Köpfe von oben und von unten) | 1870 *A. (Antaceus) Nardoi* + *Naccarii* + *nasus* + *Heckelii*, A. Duméril, Hist. nat. Poissons, *v.* 2 p. 206, 208, 211, 213 | 1870 *A. naccarii* + *nasus*, Alb. Günther, Cat. Fish. Brit. Mus., *v.* 8 p. 336 | 1907 *A. Heckelii* + *nasus* + *Naccarii-Nardoi* + *Naccarii-Naccarii* + *Naccarii Nardoi-Naccarii* + *Naccarii-Heckelii*, Pavesi in: Rend. Ist. Lombardo, ser. 2 *v.* 40 p. 334, 336 | 1911 *A. neccarii*, Fowler in: P. Ac. Philad., *v.* 62 p. 603.

D. 33—48; A. 20—32; Rückenschilder 11—14; Seitenschilder 32—42; Bauchschilder 8—11. Die Schnauze ist kurz, rundlich oder kegelförmig abgestumpft; die Bartfäden entspringen dem Schnauzenende näher als dem Mund und reichen zurückgelegt bis an den vorderen Mundrand oder fast bis zu demselben. Die Haut zwischen den Knochenschildern ist mit kleinen Knochenkörnern und verstreut stehenden kleinen, sternförmigen Knochenplättchen, die gegen die Brust zu, unterhalb der Seitenschilder, etwas größer werden und rautenförmige Gestalt annehmen, bedeckt. Die Färbung ist oberseits gelblich, ocker, bräunlich bis fast schwärzlich: unterseits ist die Färbung schmutzigweiß; die gleiche Farbe weisen auch die großen Knochenschilder auf. L. bis 1,50 m (Fig. 25).

Marin anadrom.

Adriatisches Meer; Flüsse und Ströme der norditalienischen Tiefebene.

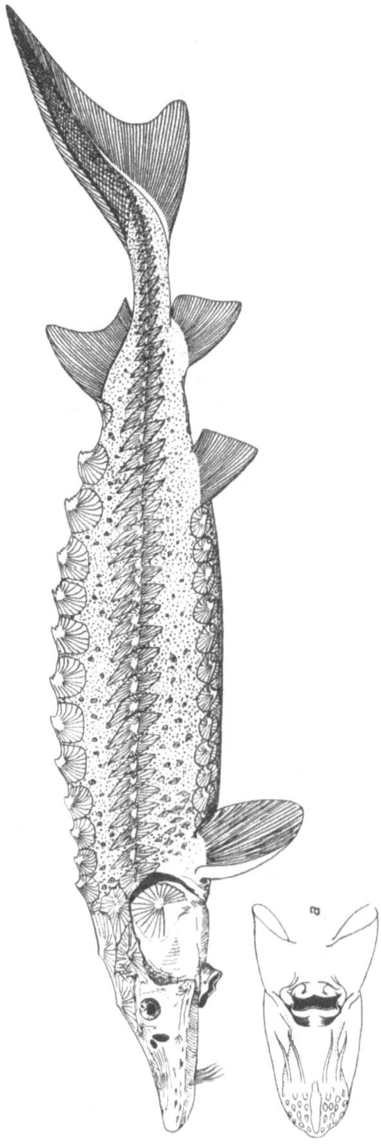

Fig. 25.
Acipenser (Acipenser) naccarii Bp. *a* Kopf von unten. (Nach Bonaparte, umgezeichnet.)

4. **A. (A.) güldenstädti** F. Brandt 1785 *A. sturio* (non Linné), Hablizl, Phys. Beschr. Taur. Gebietes, p. 180 | 1788 *A. seuruga* (part.), Bonnaterre in: Enc. méth., *v.* 3 p. 17 | 1789 *A. Sturio* (part.) + *schypa* (part.) + *stellatus* (non Linné) (part.), J. F. Gmelin-Linné, Syst. Nat., ed. 13 *v.* 1 pars 3 p. 1483, 1484, 1486 | 1831 *A. sturio* (non Linné) (part.), Pallas, Zoogr. Rosso-Asiat., *v.* 3 p. 91 | 1832 *A. kostera* (nom. nud.), Fitzinger in: Beitr. Landesk. Oesterr., *v.* 1 p. 340 | 1833 *A. Güldenstädti*, J. F. Brandt in: J. F. Brandt & Ratzeburg, Med. Zool., *v.* 2 p. 13, 351, 352 t. 3 f. 2 | 1834 *A. G.* + *aculeatus*, Fischer MS in: Lovetzky in: N. Mém. Soc. Moscou, *v.* 3 p. 259, 262 t. 17 f. 1, 2, t. 19 f. 2 | 1836 *A. schypa* + *G.*, Fitzinger & Heckel in: Ann. Wien. Mus., *v.* 1 p. 293, 297 t. 25 f. 1, t. 27 f. 9, t. 29 f. 7—10 (Köpfe von oben und von unten) | 1836 *A.*

medius + *brevirostris* + *macrophthalmus* Heckel MS in: Fitzinger & Heckel, ibid., *v.* 1 p. 293, 298 | 1846 *Antaceus schypa* + *Guldenstadti* (nomina nuda), Bonaparte, Cat. Pesci Eur., p. 20, 21 | 1850 *Acipenser sturio* (non Linné), Czernay in: Bull. Soc. Moscou, *v.* 23I p. 634 | 1858 *A. schypa* + *Güldenstädti*, Heckel & Kner, Süssw.-Fische Oesterr. Monarch., p. 346, 349 f. 181—186 (Köpfe von oben und von unten) | 1863 *A. g.*, C. Siebold, Süßw.-Fische Mitteleur., p. 363 | 1870 *A. (Antaceus) schypa* (part.) + *Guldenstadti*, A. Duméril, Hist. nat. Poissons, *v.* 2 p. 201 t. 20 f. 7 (große sternförmige Platten), p. 204 | 1870 *Acipenser güldenstädti*, Alb. Günther, Cat. Fish. Brit. Mus., *v.* 8 p. 340 | 1897 *A. persicus*, Borodin in: Wjestnik Rybopr., p. 18 f. auf p. 22, 23 | 1907 *A. güldenstädti* (part.), Kawraisky, Störarten Kaukas., p. 16 | 1909 *A. Glüdenstädtii* + *Acipense Güldenstädtii* var. *scobar* + *Acipenser G.* var. *golis* + forma *typica* + var. *longirostris* + var. *acutirostris*, Antipa, Fauna Ichtiol. României, p. 254 t. 19 f. 99, 99a (Kopf von oben), 99b (Kopf von unten), 99c (Hautstücke), t. 20 f. 109a—c (Jugendformen), t. 21 f. 110 (von oben), 110a, 110b (Köpfe von unten), 111, 111a (Kopf und Vorderteil des Körpers von unten), 112, 112a (Kopf und Vorderteil des Körpers von unten), 113 (Jugendform), 113a (desgl., Kopf von unten), 113b (desgl., Kopf von oben), t. 22 f. 114, 114a, b, c (Hautstücke); t. 19 f. 101, 101a (Kopf und Vorderteil des Körpers von oben), 102 (desgl., von der Seite), t. 22 f. 115 (Hautstück); t. 19 f. 102a (Kopf und Vorderteil des Körpers von der Seite), 103 (desgl., von oben), t. 20 f. 104 (Kopf und Vorderteil des Körpers von oben); t. 19 f. 100 (Kopf von oben), t. 20 f. 104a (Kopf und Vorderteil des Körpers von oben); t. 20 f. 106 (Kopf und Vorderteil des

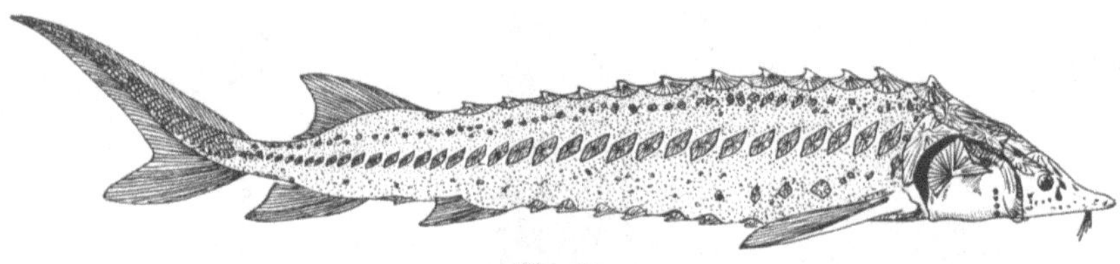

Fig. 26.
Acipenser (Acipenser) güldenstädti F. Brandt. (Nach Antipa, umgezeichnet.)

Körpers von oben), 108 (desgl.), 108a (Hautstück); t. 20 f. 107 (Kopf von unten), 107a (Kopf von oben) | 1909 *A. güldenstädti* + *schypa*, C. Vogt & B. Hofer, Süßw.-Fische Mitteleur., p. 220 t. 2 f. 2, 3 | 1911 *A. [Acipenser (Acipenser)] g.*, L. S. Berg in: Faune Russie, Poissons *v.* 1 p. 244 | 1927 *A. persicus*, Borodin in: Ann. nat. Hist., ser. 9 *v.* 20 p. 27, Textfigur & t. 3 | 1932 *A. [A. (A.)] güldenstädti*, L. S. Berg, Poissons U.R.S.S., *v.* 1 p. 54 f. 62 (cop. *Antipa*) | 1933 *A. g.*, Belyaeff in: Bull. Allkasp. Fisch. Exp., nr. 5—6 p. 68 | 1934 *A. g. g.* + *A. g. persicus*, L. S. Berg in: Ann. nat. Hist., ser. 10 *v.* 13 p. 317.

D. 30—51; A. 21—26; Rückenschilder 5—18; Seitenschilder 21—50; Bauchschilder 8—11. Die Schnauze ist kurz und rundlich abgestumpft; die Bartfäden entspringen dem Schnauzenende näher als dem Mund und reichen zurückgelegt niemals bis an den vorderen Mundrand. Die Haut zwischen den Rücken- und Seitenschildern ist außer mit kleinen Knochenplättchen, mit verstreut stehenden großen Knochenplättchen bedeckt; alle Verknöcherungen der Haut sind sehr deutlich radiär-körnig gestreift. Die Färbung ist oberseits bläulichgrau, aschgrau, olivgrau, an den Körperseiten heller werdend, unterseits ist sie weißlich; die großen Knochenschilder sind schmutzigweiß gefärbt. L. bis 4 m (Fig. 26).

Marin anadrom.

Kaspisches Meer, steigt in die nördlich mündenden Ströme bis nach Westsibirien; Schwarzes Meer und die daselbst mündenden Ströme und Flüsse.

Diese Art zerfällt in 2 Rassen.

4a. **A. (A.) güldenstädti forma güldenstädti** F. Brandt 1833 *A. G.*, J. F. Brandt in: J. F. Brandt & Ratzeburg, Med. Zool., *v.* 2 p. 13, 351, 352 t. 3 f. 2 | 1870 *A. g.*, Alb. Günther, Cat. Fish. Brit. Mus., *v.* 8 p. 340 | 1911 *A. [A. (A.)] g.* (part.), L. S. Berg in: Faune Russie, Poissons *v.* 1 p. 244 | 1934 *A. g. g.*, L. S. Berg in: Ann. nat. Hist., ser. 10 *v.* 13 p. 317.

Rückenschilder 9—18 (Durchschnitt 12,1); Seitenschilder 30—50 (Durchschnitt 39,0).

Gebiete im Norden des Kaspischen Meeres, Schwarzes Meer.

4b. **A. (A.) güldenstädti forma persica** Borodin 1897 *A. persicus*, Borodin in: Wjestnik Rybopr., p. 18 f. auf p. 22, 23 | 1907 *A. güldenstädti* (part.), Kawraisky, Störarten Kaukas., p. 16 | 1911 *A. [A. (A.)] g.* (part.), L. S. Berg in: Faune Russie, Poissons *v.* 1 p. 244 | 1927 *A. persicus*, Borodin in: Ann. nat. Hist., ser. 9 *v.* 20 p. 27, Textfigur & t. 3 | 1933 *A. güldenstädti*, Belyaeff in: Bull. Allkasp. Fisch. Exp., nr. 5—6 p. 68 | 1934 *A. g. persicus*, L. S. Berg in: Ann. nat. Hist., ser. 10 *v.* 13 p. 317.

Rückenschilder 5—13 (Durchschnitt 10,2); Seitenschilder 21—42 (Durchschnitt 30,6).

Südkaspische Form.

5. **A. (A.) baerii** F. Brandt 1775 *A. sturio* (non Linné) (part.), Georgi, Reise Russ. Reich, *v.* 1 p. 176 | 1789 *A. S.* (non Linné) (part.), J. F. Gmelin-Linné, Syst. Nat., ed. 13 *v.* 1 pars 3 p. 1483 | 1831 *A. S.* (non Linné) (part.) + var. "*kostera*" (part.), Pallas, Zoogr. Rosso-Asiat., *v.* 3 p. 91, 96 | 1833 *A. schypa?*, J. F. Brandt in: J. F. Brandt & Ratzeburg, Med. Zool., *v.* 2 p. 20 t. 1 f. 3 | 1869 *A. Baerii*, J. F. Brandt in: Bull. Ac. St.-Pétersb., *v.* 14 p. 175 | 1874 *Sturio Baeri*, Dybowski in: Verh. Ges. Wien, *v.* 24 p. 393 | 1880 *Acipenser sturio* (non Linné), Bergroth in: Öfv. Finska Förh., *v.* 22 p. 7 | 1880 *Accipenser? s.* + *güldenstädti*, Finsch in: Verh. Ges. Wien, *v.* 29 p. 289, 290 | 1883 *Acipenser g.* (non Brandt), Nikolski in: Trav. Soc. St.-Pétersb., *v.* 14 p. 218 | 1895 *A. jenisensis*, Jaschtschenko, ibid., *v.* 25 p. 96 | 1896 *A. stenorrhynchus* (part.) + var. *baikalensis*, Nikolski in: Annuaire Mus. St.-Pétersb., *v.* 1 p. 400, 401 | 1900 *A. baeri* + *stenorrhynchus* var. *baikalensis*, L. S. Berg in: Annuaire Mus. St.-Pétersb., *v.* 5 p. 370, 371 | 1904 *A. baeri*, L. S. Berg in: Zool. Anz., *v.* 27 p. 666 | 1911 *A. [Acipenser (Acipenser)] b.*, L. S. Berg in: Faune Russie, Poissons *v.* 1 p. 265 t. 8 f. 1a; 1b (Kopf von oben), 1c (Kopf von unten), 1d (Kopf von oben) | 1932 *A. [A. (A.)] b.*, L. S. Berg, Poissons U.R.S.S., *v.* 1 p. 57 f. 63; 64 (Kopf von oben), 65 (Kopf von unten), 66 (Kopf von oben).

D. 37—50; A. 21—27; Rückenschilder 13—16; Seitenschilder 37—51; Bauchschilder 8—13. Die Schnauze ist kurz, breit kegelförmig abgestumpft oder schwach zugespitzt. Die Bartfäden entspringen dem Schnauzenende etwas näher als dem Mund und reichen zurückgelegt bis zum vorderen Mundrand oder darüber hinaus. Die Haut zwischen den Rücken- und Seitenschildern ist mit vereinzelt stehenden, kleinen, sternförmigen Knochenplättchen bedeckt; die Hautverknöcherungen sind schwach und undeutlich radiär körnig gestreift. Färbung? L.? Erreicht meist ein Gewicht von 65 kg. Größere Exemplare sehr selten, doch wurden solche zu 88 kg und selbst 200—210 kg beobachtet (Fig. 27).

Marin anadrom.

Sibirien: Ob, Tas, Jenissei, Chantanga und die dazu gehörenden Buchten, die sich in das Karische Meer und die Nordenskiöld-See öffnen.

6. **A. (A.) schrenckii** F. Brandt 1775 *A. sturio* (non Linné) (part.), Georgi, Reise Russ. Reich, *v.* 1 p. 352 | 1831 *A. S.* (non Linné) (part.), Pallas, Zoogr. Rosso-Asiat., *v.* 3 p. 91 | 1869 *A. Schrenckii*, J. F. Brandt in: Bull. Ac. St.-Pétersb., *v.* 14 p. 175 | 1872 *Sturio Schrencki?*, Dybowski in: Verh. Ges. Wien, *v.* 22 p. 219 | 1904 *Acipenser s.*, L. S. Berg in: Zool. Anz., *v.* 27 p. 666 | 1911 *A. [A. (A.)] s.*, L. S. Berg in: Faune Russie, Poissons

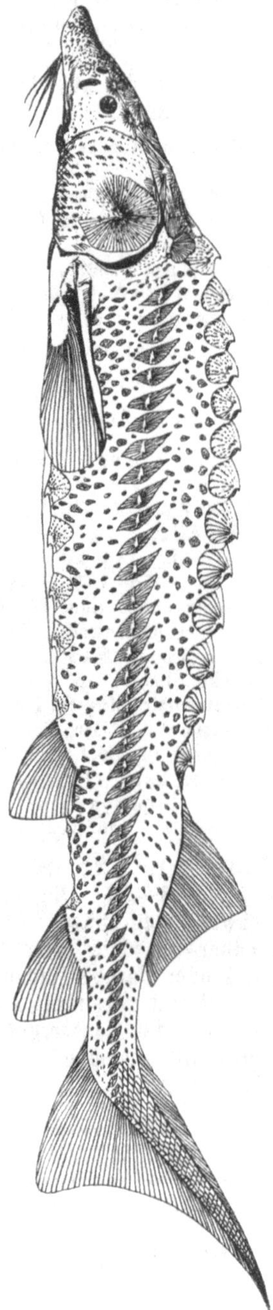

Fig. 27.
Acipenser (Acipenser) baerii F. Brandt. (Nach L. S. Berg, umgezeichnet.)

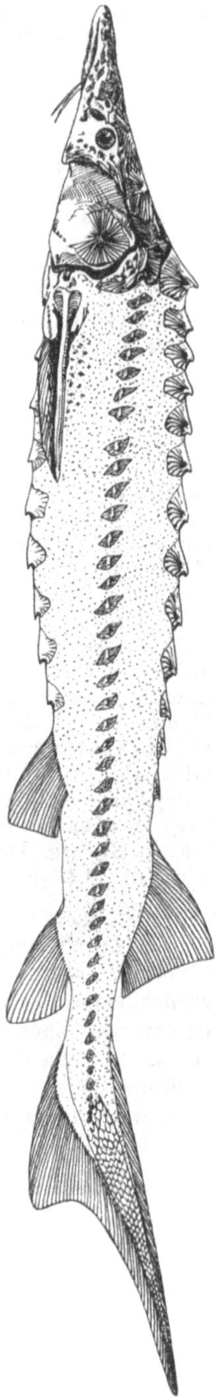

Fig. 28.
Acipenser (Acipenser) schrenckii F. Brandt. (Nach L. S. Berg, umgezeichnet.)

v. 1 p. 274 t. 8 f. 2 | 1932 *A. [A. (A.)] s.*, L. S. Berg, Poissons U.R.S.S., v. 1 p. 60 f. 70; 71 (Kopf von unten).

D. 38—53; A. 20—32; Rückenschilder 11—17; Seitenschilder 32—47; Bauchschilder 7—10. Die Schnauze ist verhältnismäßig kurz und kegelförmig. Die Bartfäden entspringen ungefähr in der Mitte zwischen der Schnauzenspitze und dem Mund und erreichen zurückgelegt nicht den vorderen Mundrand. Die Haut zwischen den Rücken- und Seitenschildern weist nur kleine körnchenförmige Verknöcherungen auf, ohne größere Knochenplättchen. Färbung ? L. bis 2,90 m bei einem Gewicht von 80—160 kg, sehr selten bis 200 kg (Fig. 28).

Marin anadrom.

Amurbecken, von der Mündung des Amur bis Nertschinsk. Ochotskisches Meer.

7. **A. (A.) kikuchii** Jord. & Snyder 1901 *A. k.*, D. S. Jordan & Snyder in: J. Coll. Japan, v. 15 p. 302 t. 15 f. 1, 2 (von oben) | 1904 *A. k.*, L. S. Berg in: Zool. Anz., v. 27 p. 666 | 1906 *A. k.*, D. S. Jordan & Snyder in: P. U. S. Mus., v. 30 p. 397.

D. 66; A. 40; Rückenschilder 11; Seitenschilder 32; Bauchschilder 11. Die Schnauze ist kurz und zugespitzt. Die Haut zwischen den Knochenschildern ist glatt und ohne Verknöcherungen; nur zwischen den vordersten Rückenschildern finden sich wenige kleine Knochenplättchen. Färbung ? L. 1,80 m.

Japan: Misaki, Sagami Bai, Provinz Sagami.

8. **A. (A.) multiscutatus** Tanaka 1908 *A. m.*, Tanaka in: J. Coll. Japan, v. 23 Artikel 7 p. 21 t. 2 f. 1 A, B (von oben).

D. 42; A. 35; Rückenschilder 15—16; Seitenschilder 41—43; Bauchschilder 12—16. Die Schnauze ist kurz und abgestumpft. Die Haut zwischen den Knochenschildern ist mit verstreut stehenden, sehr kleinen, sternchenförmigen Knochenkörnern bedeckt; größere Knochenplättchen fehlen. Färbung ? L. 2,30 m (Körperlänge ohne Caudale).

Japan: 7 Meilen von Ukedohama entfernt, Provinz Iwaki.

9. **A. (A.) chinensis** Gray 1834 *A. C.*, J. E. Gray, Ill. Ind. Zool., v. 2 t. 98 f. 5 | 1835 *A. Sinensis*, J. E. Gray in: P. zool. Soc. London, 1834 pars 2 p. 122 | 1836 *A. (Antaceus) s.*, Fitzinger & Heckel in: Ann. Wien. Mus., v. 1 p. 275 | 1846 *A. Chinensis*, J. Richardson in: Rep. Brit. Ass., p. 198 | 1851 *A. sinensis*, J. E. Gray, List Fish Brit. Mus., v. 1 p. 6 | 1868 *A. (Acipenser) Dabryanus*, A. Duméril in: N. Arch. Mus. Paris, v. 4 p. 98 t. 22 f. 1, 1a (Kopf von oben), 1b (Knochenschild) | 1870 *A. (A.) chinensis* + *D.*, A. Duméril, Hist. nat. Poissons, v. 2 p. 191, 193 | 1870 *A. d.* + *sinensis*, Alb. Günther, Cat. Fish. Brit. Mus., v. 8 p. 333, 338 | 1874 *A. d.*, Alb. Günther in: Ann. nat. Hist., ser. 4 v. 13 p. 159 | 1904 *A. sinensis*, L. S. Berg in: Zool. Anz., v. 27 p. 666 | 1934 *A. s.*, Shigeru Kimura in: J. Shanghai Sci. Inst., v. 1 p. 14.

D. 47—57; A. 30—38; Rückenschilder 10—17; Seitenschilder 31—42; Bauchschilder 10—15. Die Schnauze ist lang, oberseits flach und schwach zugespitzt. Die Barteln entspringen dem Munde bedeutend näher als der Schnauzenspitze. Die Haut zwischen den Knochenschildern ist vollkommen nackt, ohne irgendwelche Hartgebilde. Der Kopf ist oberseits blaßgrau gefärbt, unterseits, wie die Körperunterseite durchaus, schwach rosa; der Körper ist oberhalb der Seitenplatten oliv, unterhalb derselben, grau gefärbt; alle Flossen sind leicht dunkelgrau, die Rückenflosse und der obere Schwanzflossenlappen sind rosenrot angehaucht; die Knochenschilder sind blaß, oder manchmal bräunlich gefärbt. L. bis 1,45 m (Fig. 29).

Fig. 29. **Acipenser (Acipenser) chinensis** Gray. (Nach Gray, umgezeichnet.)

Fig. 30. **Acipenser (Acipenser) medirostris** Ayres. (Nach L. S. Berg, umgezeichnet.)

Vermutlich marin anadrom.

China: Tsinan am Hwang-ho; Schanghai, Jangtsekiang, von der Mündung aufwärts bis Tschin-kiang (Provinz Szetschwan); Amoy.

10. **A. (A.) transmontanus** Richards. 1836 *A. t.*, J. Richardson in: Fauna Bor.-Amer., *v.* 3 p. 278 | 1836 ? *A. aleutensis*, Fitzinger & Heckel in: Ann. Wien. Mus., *v.* 1 p. 285 | 1854 *A. brachyrhynchus* + *acutirostris*, Ayres in: P. Calif. Ac., *v.* 1 p. 15, 16 | 1867 *A. (Antaceus) b.* + *caryi* + *Ayresii* + *Putnami* + *transmontanus* + *acutirostris*, A. Duméril in: N. Arch. Mus. Paris, *v.* 3 p. 166 t. 11 f. 1, 1a (Kopf von oben), 1b (Hautverknöcherungen); p. 169 t. 12 f. 2, 2a (Kopf von oben), 2b (Hautverknöcherungen); p. 171 t. 12 f. 1, 1a (Kopf von oben). 1b (Hautverknöcherungen) & t. 16 f. 3 (von unten); p. 178 t. 13 f. 1, 1a (Kopf von oben), 1b (Hautverknöcherungen); p. 180, 186 | 1870 *A. (A.) b.* + *C.* + *Ayresii* + *P.* + *t.* + *acutirostris*, A. Duméril, Hist. nat. Poissons, *v.* 2 p. 221 t. 17 f. 3 (Kopf von oben), 3a (5. Seitenschild), 3b (Hautverknöcherungen); p. 224 t. 18 f. 1 (Kopf von oben), 1a (5. Seitenschild), 1b (Hautverknöcherungen); p. 226 t. 18 f. 2 (Kopf von oben), 2a (5. Seitenschild), 2b (Hautverknöcherungen); p. 234; 236; 243 | 1870 *A. t.* + *b.*, Alb. Günther, Cat. Fish. Brit. Mus., *v.* 8 p. 336; 337 | 1882 *A. t.*, D. S. Jordan & Gilbert in: Bull. U. S. Mus., *v.* 16 p. 86 | 1890 *A. t.*, Kirsch & Fordice in: P. Ac. Philad., p. 254 | 1896 *A. t.*, D. S. Jordan & Evermann in: Bull. U. S. Mus., *v.* 47 p. 104 t. 20 f. 44 | 1904 *A. t.*, L. S. Berg in: Zool. Anz., *v.* 27 p. 666.

D. 44—48 (selten 38—52); A. 28—30 (selten 22—33); Rückenschilder 11—12 (selten 10—14); Seitenschilder 36 (selten 35) bis 50; Bauchschilder 10—12 (selten 9—14). Die Art ist vor allem dadurch ausgezeichnet, daß die Knochenschilder zwischen den Ventralen und der Anale klein sind, stets in 2 Reihen stehen, in einer Anzahl von 4—8. Die Schnauze ist bei alten Exemplaren breit und stumpf, bei jugendlichen Exemplaren ist sie mehr zugespitzt. Die Barteln entspringen dem Schnauzenende näher als dem Mund und erreichen zurückgelegt nicht denselben. Die Haut zwischen den großen Knochenschildern weist Hartgebilde in Form kleiner Knochenkörnchen und größeren sternförmigen Plättchen auf. Die Färbung ist oberseits dunkelgrau, manchmal leicht oliv; an den Körperseiten wird sie heller, um auf der Unterseite des Körpers gelblichweiß bis weißlich zu werden. L. bis ungefähr 3,00—3,25 m bei einem Gewicht von 200—240 kg.

Marin anadrom.

Pazifische Küste Nordamerikas von Alaska südwärts bis Monterey; steigt die Flüsse Fraser, Columbia und Sacramento aufwärts.

11. **A. (A.) medirostris** Ayres 1854 *A. m.*, Ayres in: P. Calif. Ac., *v.* 1 p. 15 | 1862 *Antaceus m.*, T. Gill in: P. Ac. Philad., [*v.* 14] p. 331 | 1867 *Acipenser (Antaceus) m.* + *Agassizii* + *Alexandri* + *oligopeltis*, A. Duméril in: N. Arch. Mus. Paris, *v.* 3 p. 167 t. 13 f. 2, 2a (Kopf von oben), 2b (Hautverknöcherungen); p. 181 t. 11 f. 2, 2a (Kopf von oben), 2b (Hautverknöcherungen); p. 183 t. 15 f. 1, 1a (Kopf von oben), 1b (Hautverknöcherungen); p. 184 t. 15 f. 2, 2a (Kopf von oben), 2b (Hautverknöcherungen | 1870 *A. (A.) m.*, + *Agassizii* + *Alexandri* + *o.*, A. Duméril, Hist. nat. Poissons, *v.* 2 p. 222 t. 18 f. 4 (Kopf von oben), 4a (5. Seitenschild), 4b (Hautverknöcherungen); p. 237 t. 18 f. 3 (Kopf von oben), 3a (5. Seitenschild), 3b (Hautverknöcherungen); p. 239 t. 15 f. 1 (Kopf von oben), 1a (5. Seitenschild), 1b (Hautverknöcherungen); p. 241 | 1870 *A. m.* + *acutirostris* (non Ayres), Alb. Günther, Cat. Fish. Brit. Mus., *v.* 8 p. 342, 345 | 1882 *A. m.*, D. S. Jordan & Gilbert in: Bull. U. S. Mus., *v.* 16 p. 86 | 1890 *A. m.* (part.), Kirsch & Fordice in: P. Ac. Philad., p. 249 | 1892 *A. mikadoi*, Hilgendorf in: SB. Ges. Fr. Berlin, p. 98 | 1896 *A. medirostris*, D. S. Jordan & Evermann in: Bull. U. S. Mus., *v.* 47 p. 104 | 1901 *A. mikadoi*, D. S. Jordan & Snyder in: J. Coll. Japan, *v.* 15 p. 303 | 1904 *A. m.* + *A. medirostris*, L. S. Berg in: Zool. Anz., *v.* 27 p. 666, 667 | 1906 *A. mikadoi*, D. S. Jordan & Snyder in: P. U. S. Mus., *v.* 30 p. 398 | 1911 *A. [Acipenser (Acipenser)] medirostris*, L. S. Berg in: Faune Russie, Poissons *v.* 1 p. 287 t. 8 f. 3 | 1912 *A. mikadoi*, Tanaka, Fish. Japan, fasc. 7 t. 33 | 1930 *A. acutirostris*, Jordan, Barton & Clark in: Bull. U. S. Fish Comm., *v.* 49 p. 34.

D. 36—39 (selten 33—43); A. 27—29 (selten 18?—34?); Rückenschilder 9—11; Seitenschilder 28—30 (selten 25—31); Bauchschilder 7—10. Die Schnauze ist etwas verlängert und zugespitzt, die Bartfäden entspringen dem Munde näher als dem Schnauzenende (manchmal auch ungefähr in der Mitte zwischen beiden). Zwischen den großen Knochenschildern ist die Haut mit kleinen Knochenkörnchen und verstreut stehenden größeren Knochenplättchen bedeckt. Die Färbung ist im allgemeinen olivgrün oder grüngrau, oberseits dunkel, an den Körperseiten heller werdend; die Unterseite des Körpers ist weißlich; längs der Mitte der Körperunterseite und oberhalb der Bauchschilder verlaufen olivenfarbene Streifen bis zum After. L. bis ungefähr 3 m bei einem Gewicht von 160—200 kg (Fig. 30).

Marin anadrom.

Pazifische Küste Nordamerikas von San Franzisko nordwärts, Britisch-Kolumbien; pazifische Küste Nordasiens von Nordjapan (Hokodate) nordwärts bis zu den südlichen Teilen von Sachalin. Steigt die großen Flüsse und Ströme aufwärts.

12. **A. (A.) fulvescens** Raf. 1817 *Accipenser f.*, Rafinesque in: Amer. monthly Mag., *v.* 1 p. 288 | 1818 *Acipenser rubicundus* + *maculosus*, Le Sueur in: Tr. Amer. phil. Soc., n. ser. *v.* 1 p. 388, 393 | 1820 *Accipenser r.* + *muricatus* + *maculosus* + *serotinus* + *ohiensis* + *macrostomus* + *Dinectus truncatus*, Rafinesque, Ichthyol. Ohiens., p. 79, 80, 81 | 1836 *Acipenser maculosus* + *rubicundus* + *macrostomus*, Fitzinger & Heckel in: Ann. Wien. Mus., *v.* 1 p. 285, 316 | 1836 *A. r.* + *rupertianus*, J. Richardson in: Fauna Bor.-Amer., *v.* 3 p. 284, 311 | 1842 *A. rubicundus*, De Kay in: Nat. Hist. N. York, Zool. *v.* 1 p. 344 t. 58 f. 191 | 1850 *A. laevis* + *carbonarius* + *rhynchaeus*, L. Agassiz, Lake Sup., p. 267, 271, 276 | 1867 *A. (Antaceus) Cincinnati* + *Buffalo*, A. Duméril in: N. Arch. Mus. Paris, *v.* 3 p. 174 t. 14 f. 2, 2a (Kopf von oben), 2b (Hautverknöcherungen); p. 175 t. 14 f. 1, 1a (Kopf von oben), 1b (Hautverknöcherungen) | 1870 *A. (Huso) Copei* + *carbonarius* + *maculosus* + *Rauchii* + *Richardsonii* + *anasimos* + *paranasimos* + *anthracinus* + *rupertianus* + *Lamarii* + *atelaspis* + *Rafinesquii* + *laevis* + *rosarium* + *platorhinus* + *ohiensis* + *serotinus* + *Kirtlandii* + *Nertinianus* + *Honneymani* + *A (Antaceus) Cincinnati* + *Buffalo*, A. Duméril, Hist. nat. Poissons, *v.* 2 p. 108, 111, 113, 118, 120, 122, 124, 126 t. 15 f. 4 (Kopf von oben), 4a (5. Seitenschild), 4b (Hautverknöcherungen), 128, 139, 141 t. 17 f. 4 (Bartfaden) 143, 151 t. 17 f. 1 (Kopf von oben), 1a (Seitenlinie), 1b (Hautverknöcherungen); p. 152 t. 17 f. 2 (Kopf von oben), 2a (Seitenlinie), p. 154, 156, 158, 161 t. 17 f. 5 (Bartfaden), 162, 177, 229, 231 t. 19 f. 1 (Kopf von der Seite) | 1870 *A. rubicundus* + *maculosus* + *liopeltis*, Alb. Günther, Cat. Fish. Brit. Mus., *v.* 8 p. 338, 339, 340 | 1882 *A. r.*, D. S. Jordan & Gilbert in: Bull. U. S. Mus., *v.* 16 p. 87 | 1890 *A. r.*, Kirsch & Fordice in: P. Ac. Philad., p. 252 | 1896 *A. r.*, D. S. Jordan & Evermann in: Bull. U. S. Mus., *v.* 47 p. 106 t. 21 f. 46 | 1904 *A. r.*, L. S. Berg in: Zool. Anz., *v.* 27 p. 667 | 1917 *A. fulvescens*, Hubbs in: Copeia, nr. 44 p. 48 | 1933 *A. f.*, Toner in: Copeia, nr. 3 p. 133.

D. 34—42 (selten 30—50); A. 23—28 (selten 20—30); Rückenschilder 11 (selten 9) bis 16; Seitenschilder 30—40 (selten 27—42); Bauchschilder 7—11. Die Schnauze ist bei jugendlichen Exemplaren ziemlich lang und zugespitzt, sie wird im Alter kürzer und stumpfer; bei alten Tieren ist die Schnauze kürzer als der restliche Teil des Kopfes. Die Haut zwischen den großen Knochenschildern ist nur mit sehr kleinen Knochenkörnern bedeckt. Die Färbung ist oberseits dunkeloliv, an den Körperseiten heller werdend oder rötlich; oft finden sich dunkle bis schwärzliche Tüpfeln vor; die Unterseite ist leicht gelblich oder weißlich. L. meist 1,90—2,20 m, selten bis 2,80 m bei einem Gewicht von 20—50 kg.

Ausschließlich Süßwasserbewohner.

Nordamerika: Mississippi-Tal, die Großen Seen und Flüsse und Seen des nördlichen Nordamerika.

13. **A. (A.) brevirostrum** Le Sueur 1818 *A. b.*, Le Sueur in: Tr. Amer. phil. Soc., n. ser. *v.* 1 p. 390 | 1820 *Accipenser b.* + *marginatus* + *hudsonius* + ? *atlanticus*, Rafinesque, Ichthyol. Ohiens., p. 79 | 1834 *Acipenser obtusirostris* (err. pro *A. brevirostrum*), Lovetzky in: N. Mém. Soc. Moscou, *v.* 3 p. 257 | 1836 *A. brevirostrum*, Fitzinger & Heckel in: Ann. Wien. Mus., *v.* 1 p. 316 | 1842 *A. b.*, De Kay in: Nat. Hist. N. York, Zool. *v.* 1 p. 345 | 1846 *A. brevirostris*, Storer in: Mem. Amer. Ac., n. ser. *v.* 2 p. 500 | 1870 *A. (Huso) microrhynchus* + *Lesueurii* + *Dekayi* + *brevirostrum* + *rostellum* + *simus*, A. Duméril, Hist. nat. Poissons, *v.* 2 p. 164, 166 t. 16 f. 1 (Kopf von oben), 1a (Seitenschild); p. 168, 170 t. 16 f. 4 (Kopf von oben), 4a (Seitenschild), 4b (Hautverknöcherungen); p. 173 t. 16 f. 3 (Kopf von oben), 3a (Seitenschild); p. 175 t. 16 f. 2 (Kopf von oben), 2a (Kopf von der Seite) | 1870 *A. brevirostris*, Alb. Günther, Cat. Fish. Brit. Mus., *v.* 8 p. 341 | 1882 *A. b.*, D. S. Jordan & Gilbert in: Bull. U. S. Mus., *v.* 16 p. 87 | 1890 *A. brevirostrum*, Kirsch & Fordice in: P. Ac. Philad., p. 253 | 1896 *A. b.*, D. S. Jordan & Evermann in: Bull. U. S. Mus., *v.* 47 p. 106 t. 21 f. 47 | 1904 *A. brevirostris*, L. S. Berg in: Zool. Anz., *v.* 27 p. 667.

D. 31—41; A. 18—23; Rückenschilder 8—11; Seitenschilder 22—33; Bauchschilder 6—9. Die Schnauze ist sehr kurz und abgestumpft, ihre Länge beträgt ungefähr $^1/_4$ der Kopflänge; die Barteln sind kurz. Die Haut zwischen

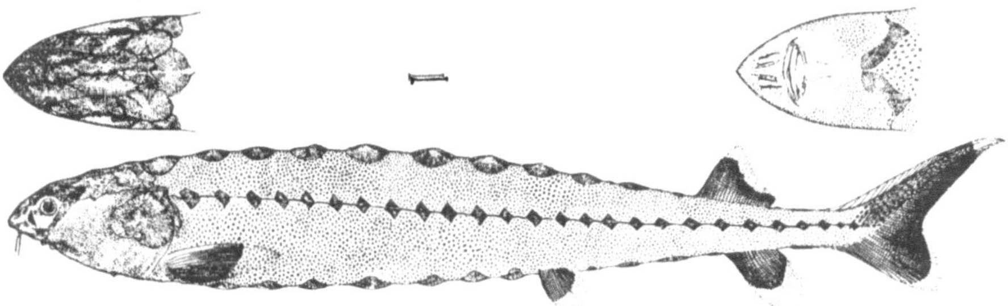

Fig. 31.
Acipenser (Acipenser) brevirostrum Le Sueur (Nach Fowler.)

den großen Knochenschildern ist nur mit kleinen Knochenkörnchen bedeckt ohne größere Plättchen. Die Färbung ist oberseits dunkel grauoliv, an den Körperseiten heller werdend; der Bauch ist weißlich. L. bis 1,20 m (Fig. 31).

Marin anadrom.

Atlantische Küste von Nordamerika: Von Kap Cod bis Florida.

b) Subgen. **Gladostomus** nom. nov.

1833 *Helopes* + *Sturiones* (part.), J. F. Brandt in: J. F. Brandt & Ratzeburg, Med. Zool., *v.* 2 p. 3, 25, 349, 352 | 1835 *Helops* (non Fabricius), J. Müller, Vergl. Anat. Myxinoiden, p. 9 | 1836 *Helopes*, Fitzinger & Heckel in: Ann. Wien. Mus., *v.* 1 p. 287 | 1846 *Helops*, Bonaparte, Cat. Pesci Eur., p. 21 | 1851 *H.* (part.), J. E. Gray, List Fish Brit. Mus., *v.* 1 p. 9 | 1867 *H.*, A. Duméril in: N. Arch. Mus. Paris, *v.* 3 p. 141, 158 | 1869 *H.*, J. F. Brandt in: Bull. Ac. St.-Pétersb., *v.* 14 p. 172 | 1870 *H.*, A. Duméril, Hist. nat. Poissons, *v.* 2 p. 89, 263 | 1911 *H.*, L. S. Berg in: Faune Russie, Poissons *v.* 1 p. 291.

Die Schnauze ist lang und schwertförmig, ihre Länge beträgt mindestens $^3/_5$ oder mehr als $^3/_5$ der Kopflänge. Die Unterlippe ist in der Mitte unterbrochen.

Marin anadrom.

Becken des Schwarzen und Kaspischen Meeres; Adria.

1 Art, die in 2 Rassen zerfällt.

14. **A. (G.) stellatus** Pall. 1771 *A. s.*, Pallas, Reise Ruß., *v.* 1 p. 460 | 1788 *A. seurnga* (part.), Bonnaterre in: Enc. méth., *v.* 3 p. 17 | 1789 *A. stellatus* (part.), J. F. Gmelin-Linné, Syst. Nat., ed. 13 *v.* 1 pars 3 p. 1486 | 1795 *A. s.* var., Lepechin in: N. Acta Ac. Petrop., *v.* 9 p. 35 t. A | 1831 *A. helops*, Pallas, Zoogr. Rosso-Asiat., *v.* 3 p. 97 | 1833 *A. stellatus* + *Ratzeburgii*, J. F. Brandt in: J. F. Brandt & Ratzeburg, Med. Zool., *v.* 2 p. 25, 351, 352 t. 3 f. 3 & t. 1a f. 3 | 1834 *A. s.* + *A. s. donensis* + *donensis* (in tabula), Lovetzky in: N. Mém. Soc. Moscou, *v.* 3 p. 263, 264 t. 19 f. 1 *(A. donensis)* & t. 18 f. 1 | 1836 *A. s.*, Fitzinger & Heckel in: Ann. Wien. Mus., *v.* 1 p. 287 t. 26 f. 6, t. 30 f. 13 (Kopf von oben) & 14 (Kopf von unten) | 1836 *A. rostratus*, Heckel MS in: Fitzinger & Heckel, ibid., *v.* 1 p. 287 | 1846 *Helops stellatus* (nom. nud.), Bonaparte, Cat. Pesci Eur., p. 21 | 1858 *Acipenser s.*, Heckel & Kner, Süssw.-Fische Oesterr. Monarch., p. 343 f. 178, 179 (Kopf von oben), 180 (Kopf von unten) | 1863 *A. s.*, C. Siebold, Süßw.-Fische Mitteleur., p. 362 | 1869 *A. (Helops) s.*, J. F. Brandt in: Bull. Ac. St.-Pétersb., *v.* 14 p. 173 | 1870 *A. (H.) s.*, A. Duméril, Hist. nat. Poissons, *v.* 2 p. 264 | 1870 *A. s.*, Alb. Günther, Cat. Fish. Brit. Mus., *v.* 8 p. 340 | 1871 *A. s.* + var. *donensis*, Danilewski in: Forsch. Fisch. Russl., *v.* 8 p. 8, 31, 273, 296, 297, 304 | 1881 *A. s.*, Doderlein, Man. ittiol. Medit., fasc. 2 p. 12 | 1902 *A. s.* + *s. danubialis* + *s. ratzeburgi* + *s. donensis* + *s. illyricus*, Brusina in: Rad Jugoslav. Ak., *v.* 149 p. 55, 59 f. 3; p. 60 f. 1 & 2 | 1905 *A. s.*, Antipa in: Ber. Int. Fisch.-Kongr. Wien, p. 13 | 1907 *A. s.*, Kolombatović in: Glasnik Naravosl. Družtva Zagreb, *v.* 19 p. 2 | 1909 *A. s.*, Antipa, Fauna Ichtiol. României, p. 251 t. 18 f. 95, 95a (Kopf von unten), 95b (Kopf von oben), 95c (Hautstück mit Verknöcherungen und Knochenschildern), 96 (Kopf von oben),

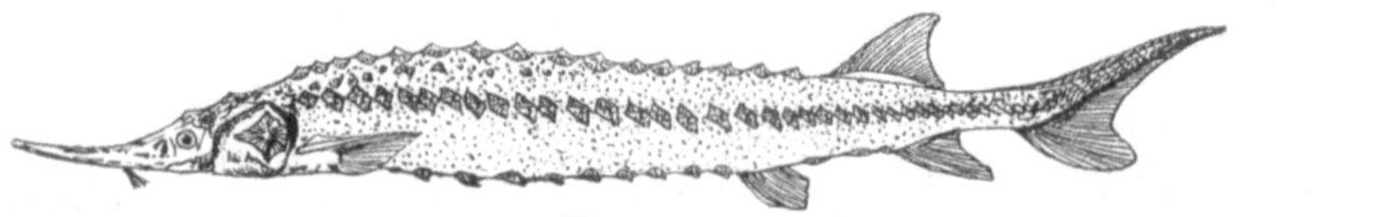

Fig. 32.
Acipenser (Gladostomus) stellatus Pall. (Nach L. S. Berg, umgezeichnet.)

97, 97b, 98 (jugendliche Exemplare), 97c (desgl. von unten), 97a, 98a (desgl. Köpfe von unten), 97d, 98c (desgl. einige Rückenschilder), 98b (desgl. Mund) | 1909 *A. s.*, C. Vogt & B. Hofer, Süßw.-Fische Mitteleur., p. 223 t. 2 f. 1 | 1911 *A. (Helops) s.*, L. S. Berg in: Faune Russie, Poissons *v.* 1 p. 291 | 1932 *A. (H.) s.* + *A. (H.) s. s.* natio *cyrensis*, L. S. Berg, Poissons U.R.S.S., *v.* 1 p. 64 f. 87 & p. 65.

Mit den Merkmalen der Untergattung. D. 40—54; A. 22—35; Rückenschilder 10—15; Seitenschilder 26—40; Bauchschilder 9—14. Die Färbung ist oberseits rostbraun mit blauschwarzer Tönung, an den Körperseiten rötlich, unterseits weiß mit silberigem Schimmer; die Schnauze ist auf ihrer Unterseite fleischfarben. Die Knochenschilder sind schmutzigweiß. L. bis 2 m bei einem ungefähren Gewicht von 25 kg (Fig. 32).

Marin anadrom.

Becken des Kaspischen und Schwarzen Meeres; Adria (Zara).

Diese Art zerfällt in 2 Rassen.

14a. **A. (G.) stellatus** Pall. forma **stellata** Pall. 1771 *A. stellatus*, Pallas, Reise Ruß., *v.* 1 p. 460 | 1831 *A. helops* (part.), Pallas, Zoogr. Rosso-Asiat., *v.* 3 p. 97 | 1911 *A. (Helops) stellatus* (part.), L. S. Berg in: Faune Russie, Poissons *v.* 1 p. 291 | 1932 *A. (H.) s.*, L. S. Berg, Poissons U.R.S.S., *v.* 1 p. 64 f. 87.

D. 40—45; A. 24—29; Rückenschilder 11—14; Seitenschilder 30—36.

Schwarzes Meer und seine Zuflüsse; Adria (Zara); nördliche Teile des Kaspischen Meeres und die hier mündenden Zuflüsse.

14b. **A. (G.) stellatus** Pall. forma **cyrensis** L. S. Berg 1831 *A. helops* (part.), Pallas, Zoogr. Rosso-Asiat., *v.* 3 p. 97 | 1911 *A. (Helops) stellatus* (part.), L. S. Berg in:

Faune Russie, Poissons *v.* 1 p. 291 | 1932 *A. (H.) s. stellatus* natio *cyrensis*, L. S. Berg, Poissons U.R.S.S., *v.* 1 p. 65.

D. 40—54; A. 22—35; Rückenschilder 10—15; Seitenschilder 26—40.

Mittlere und südliche Teile des Kaspischen Meeres und die hier mündenden Zuflüsse.

c) Subgen. **Lioniscus** (Fitz. & Heck.) Bp.

1836 *Lionisci*, Fitzinger & Heckel in: Ann. Wien. Mus., *v.* 1 p. 270 | 1846 *Lioniscus*, Bonaparte, Cat. Pesci Eur., p. 20 | 1851 *L.*, J. E. Gray, List Fish Brit. Mus., *v.* 1 p. 4 | 1867 *L.*, A. Duméril in: N. Arch. Mus. Paris, *v.* 3 p. 141, 158 | 1869 *Shipa*, J. F. Brandt in: Bull. Ac. St.-Pétersb., *v.* 14 p. 173 | 1870 *Lioniscus*, A. Duméril, Hist. nat. Poissons, *v.* 2 p. 89, 261 | 1911 *L.*, L. S. Berg in: Faune Russie, Poissons *v.* 1 p. 175.

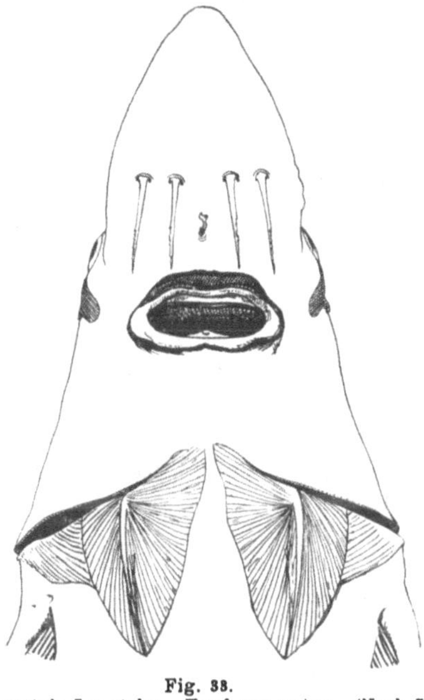

Fig. 33.
Acipenser (Lioniscus) nudiventris Lovetzky. Kopf von unten. (Nach L. S. Berg, umgezeichnet.

Die Unterlippe ist in der Mitte nicht unterbrochen. Die Bartfäden sind stets gefranst. Die Anzahl der Seitenschilder ist groß und bewegt sich in den Grenzen zwischen 55—60; selten mehr oder weniger. Die Schnauze ist verhältnismäßig kurz und zugespitzt.

Europa und westlichstes Asien: Becken des Schwarzen und Kaspischen Meeres, Aralsee und deren Zuflüsse.

1 Art.

15. A. (L.) nudiventris Lovetzky 1828 *A. n.*, Lovetzky in: N. Mag. Est. Istorii, *v.* 2 p. 78 Schreiben 6 f. 2 | 1831 *A. schypa*, Eichwald, Zool. spec., *v.* 3 p. 66 | 1831 *A. sturio* (non Linné) (part.), Pallas, Zoogr. Rosso-Asiat., *v.* 3 p. 91 | 1832 *A. schypa* (part.), Ménétriés, Cat. rais., p. 79 | 1832 *A. glaber* (nom. nud.), Heckel MS in: Fitzinger in: Beitr. Landesk. Oesterr., *v.* 1 p. 340 | 1834 *A. schipa* + *nudiventris* Lovetzky in: N. Mém. Soc. Moscou, *v.* 3 p. 260 t. 17 f. 3, 4 (Kopf und Vorderkörper von unten) & t. 15 f. 2a & 2b (Kopf und Vorderkörper von unten) | 1836 *A. glaber*,

Fitzinger & Heckel in: Ann. Wien. Mus., *v.* 1 p. 270 t. 25 f. 3 & t. 28 f. 5 (Kopf von oben), 6 (Kopf von unten) | 1837 *A. ruthenus* (non Linné), Hohenacker in: Bull. Soc. Moscou, *v.* 10II p. 145 | 1841 *A. schip*, Eichwald, Fauna Caspio-Caucas., p. 270 | 1846 *Lioniscus glaber* (nom. nud.), Bonaparte, Cat. Pesci Eur., p. 20 | 1852 *Acipenser güldenstädti?*, J. F. Brandt in: Beitr. Russ. Reich., *v.* 17 p. 335 | 1856 *A. Schypa*, K. Kessler in: Bull. Soc. Moscou, *v.* 29 p. 389 | 1857 *A. schipa*, Golowatschow, ibid., *v.* 30 p. 540 | 1858 *A. glaber*, Heckel & Kner, Süssw.-Fische Oesterr. Monarch., p. 332 f. 169, 170 (Kopf von oben), 171 (Kopf von unten) | 1869 *A. nudiventris* (nom. nud.) + *shipa* (nom. nud.), J. F. Brandt in: Bull. Ac. St.-Pétersb., *v.* 14 p. 173 | 1870 *A. (Lioniscus) glaber*, A. Duméril, Hist. nat. Poissons, *v.* 2 p. 261 t. 17 f. 7 (Hautverknöcherungen), t. 20 f. 8 (Rückenschild) | 1870 *A. g.* (part.), Alb. Günther, Cat. Fish. Brit. Mus., *v.* 8 p. 335 | 1898 *A. gmelini* (non Fitzinger & Heckel), O. Grimm in: Wjestnik Rybopr., *v.* 13 p. 556 | 1902 *A. nudiventris* + *glaber*, Brusina in: Rad. Jugoslav. Ak.. *v.* 149 p. 10, 60 | 1904 *A. g.*, L. S. Berg in: Zool. Anz., *v.* 27 p. 666 | 1905 *A. g.*, Antipa in: Ber. Int. Fisch.-Kongr. Wien, p. 7, 12 | 1909 *A. g*, Antipa, Fauna Ichtiol. Românіei, p. 242 t. 17 f. 90, 90a (Kopf von oben), 90b (Kopf von unten), 90c (Hautstück mit Verknöcherungen und Rückenschildern), 91 (jugendliches Exemplar), 91a (desgl. Kopf von unten), 91b (desgl. Rückenschilder) | 1909 *A. g.*, C. Vogt & B. Hofer, Süßw.-Fische Mitteleur., p. 224 t. 3 f. 3 | 1911 *A. (Lioniscus) nudiventris*, L. S. Berg in: Faune Russie, Poissons *v.* 1 p. 175 t. 5 f. 1, 2 (Kopf von oben), 3 (Kopf von unten) | 1932 *A. (L.) n.*, L. S. Berg, Poissons U.R.S.S., *v.* 1 p. 48 f. 52, 53 (Kopf von unten).

Mit den Merkmalen der Untergattung. D. 46—52; A. 26—37; Rückenschilder 11—17; Seitenschilder 55—66 (selten 49, 52, 70, 72); Bauchschilder 12—16; die Färbung ist oberseits rötlichbraun, an den Körperseiten heller werdend; die Unterseite des Körpers, sowie die Knochenschilder sind schmutzigweiß gefärbt; die Flossen sind leicht grau, die Brustflossen sind auf diesem Grunde manchmal dunkel gefleckt. L. bis 1,50 m, selten größer.

Marin anadrom, dürfte aber das Süßwasser bevorzugen.

Europa und westlichstes Asien: Becken des Schwarzen und Kaspischen Meeres, Aralsee und deren Zuflüsse.

2. Gen. **Huso** F. Brandt

1758 *Acipenser* (part.), Linné, Syst. Nat., ed. 10 p. 237 | 1801 *Acipenses* (part.), M. S. Bloch & J. G. Schneider, Syst. Ichthyol., p. 347 | 1833 *Husones* (part.), J. F. Brandt in: J. F. Brandt & Ratzeburg, Med. Zool., *v.* 2 p. 3, 349, 352 | 1835 *Sturio* (part.) + Subgen. *Huso*, J. Müller, Vergl. Anat. Myxinoiden, p. 9 | 1836 *Acipenser* (part.) + *Husones* (part.), Fitzinger & Heckel in: Ann. Wien. Mus., *v.* 1 p. 264, 269 | 1846 *Huso*, Bonaparte, Cat. Pesci Eur., p. 22 | 1851 *Acipenser* (part.) + Subgen. *H.* (part.), J. E. Gray, List Fish Brit. Mus., *v.* 1 p. 4; 15 | 1867 *A.* (part.) + Subgen. *Sterletus* (part.) + Subgen. *H.* (part.), A. Duméril in: N. Arch. Mus. Paris, *v.* 3 p. 139, 141, 158 | 1869 *Husones* + Subgen. *Huso*, J. F. Brandt in: Bull. Ac. St.-Pétersb., *v.* 14 p. 172 | 1870 *Acipenser* (part.) + Subgen. *Huso* (part.) + Subgen. *Sterletus* (part.), A. Duméril, Hist. nat. Poissons, *v.* 2 p. 87, 89, 90; 244 | 1870 *A.* (part.), Alb. Günther, Cat. Fish. Brit. Mus., *v.* 8 p. 333 | 1872 *Huso*, Dybowski in: Verh. Ges. Wien, *v.* 22 p. 218 | 1904 *H.*, L. S. Berg in: Zool. Anz., *v.* 27 p. 665 | 1911 *H*, L. S. Berg in: Faune Russie, Poissons *v.* 1 p. 144 | 1932 *H.*, L. S. Berg, Poissons U.R.S.S., *v.* 1 p. 43.

Die Kiemenhäute bilden über dem Isthmus eine rückwärts freie Falte und sind miteinander verwachsen. Der Mund ist halbmondförmig und erstreckt sich über die ganze Breite der Schnauzenunterseite; die Mundwinkel liegen an den Seitenkanten des Kopfes oder noch höher darüber hinaus. Spritzlöcher und Pseudobranchien sind vorhanden. Die Opercularkiemen sind mäßig entwickelt. Die Schnauze ist kurz, konisch und oben und an den Seiten knorpelig, weich und biegsam. Die Bartfäden sind abgeplattet. Die

Kiemenreusendornen sind stäbchenförmig. Der Schwanzstiel ist nicht dorsoventral abgeplattet, der obere Teil der Schwanzflosse ist nicht fadenförmig verlängert. Die Schwimmblase ist groß.

Europa, Asien: Becken des Adriatischen, des Schwarzen und Kaspischen Meeres; Amurbecken.

Marin anadrom.
2 Arten.

Bestimmungstabelle der Arten:

Das 1. Rückenschild ist das kleinste in der Reihe; Bartfäden mit blättchenförmigen Anhängen; die Rückenflosse wird von mehr als 60 Strahlen gestützt . . . . **1. H. huso**

Das 1. Rückenschild ist das größte in der Reihe; Bartfäden ohne blättchenförmige Anhänge; die Rückenflosse wird von weniger als 60 Strahlen gestützt . . . . **2. H. dauricus**

1. **H. huso** (L.) 1758 *Acipenser h.*, Linné, Syst. Nat., ed. 10 p. 238 | 1789 *A. h.*, J. F. Gmelin-Linné, Syst. Nat., ed. 13 *v.* 1 pars 3 p. 1487 | 1801 *Acipenses h.*, M. E.

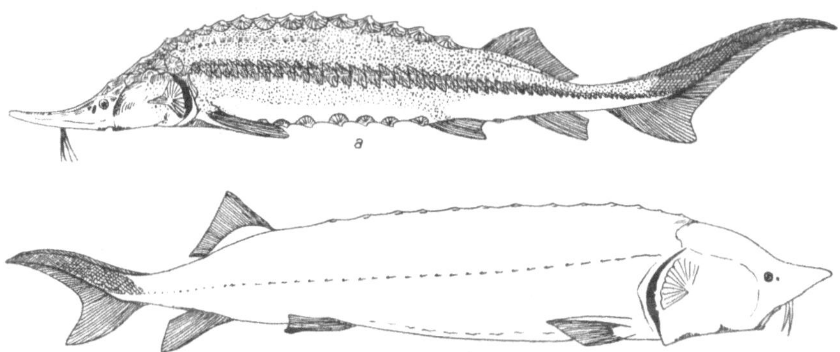

Fig. 34.
Huso huso (L.). *a* Jüngeres Tier ca. 550 mm lang, *b* altes Exemplar im Gewichte von 385 kg. (Nach Antipa, umgezeichnet und vereinfacht.)

Bloch & J. G. Schneider, Syst. Ichthyol., p. 348 | 1831 *Acipenser h.*, Pallas, Zoogr. Rosso-Asiat., *v.* 3 p. 86 | 1833 *A. h.*, J. F. Brandt in: J. F. Brandt & Ratzeburg, Med. Zool., *v.* 2 p. 3, 5, 349 | 1836 *A. h.*, Fitzinger & Heckel in: Ann. Wien. Mus., *v.* 1 p. 320 t. 22 f. 7 & t. 28 f. 1 (Kopf von oben), 2 (Kopf von unten) | 1846 *Huso ichthyocolla* (nom. nud.), Bonaparte, Cat. Pesci Eur., p. 22 | 1851 *Acipenser vallisnerii*, Molin in: Riv. Acc. Padova, *v.* 1 p. 366 | 1858 *A. huso*, Heckel & Kner, Süssw. Fische Oesterr. Monarch., p. 365 f. 197, 198 (Kopf von oben), 199 (Kopf von unten) | 1863 *A. h.*, C. Siebold, Süßw.-Fische Mitteleur., p. 365 | 1869 *A. (Huso) h.*, J. F. Brandt in: Bull. Ac. St.-Pétersb., *v.* 14 p. 172 | 1870 *A. (H.) Ichthyocolla*, A. Duméril, Hist. nat. Poissons, *v.* 2 p. 90 t. 20 f. 3 (Knochenplättchen) | 1870 *A. huso*, Alb. Günther, Cat. Fish. Brit. Mus., *v.* 8 p. 337 | 1904 *Huso h.*, L. S. Berg in: Zool. Anz., *v.* 27 p. 666 | 1905 *Acipenser h.*, Antipa in: Ber. Int. Fisch.-Kongr. Wien, p. 17 | 1909 *Huso h.*, Antipa, Fauna Ichtiol. Românei, p. 264 t. 24 f. 120, 120a (Kopf von oben), 120b (Kopf von unten), 121, 122, 122a (Kopf von oben); t. 25 f. 123, 124, 125, 126a, 127b, 128a (jugendliche Exemplare), 126b (desgl. von oben), 120, 127a (desgl. von unten), 124b, 125b (desgl. Köpfe von oben), 124a, 125a, 128b (desgl. Köpfe von unten), 129, 129a (Kopf von oben), 129b (Kopf von unten), 130, 131 (Kopfmonstrosität), 131a (desgl. von unten) | 1911 *H. h.*, L. S. Berg in: Faune Russie, Poissons *v.* 1 p. 151 | 1932 *H. h.*, L. S. Berg, Poissons U.R.S.S., *v.* 1 p. 46 f. 50 & 51 (beide cop. Antipa).

D. 62—73; A. 28—41; Rückenschilder 11—14; Seitenschilder 41—52; Bauchschilder 9—11; das 1. Rückenschild ist das kleinste in der Reihe. Die Bartfäden sind an ihrer Basis glatt, in ihrer Mitte ist eine blattförmige Membran entwickelt, die gegen die Spitze der Barteln zu schmäler wird; zurückgelegt reichen die Bartfäden bis über die Mundspalte hinaus. Die Färbung ist oberseits dunkelgrau mit bläulicher Tönung, an den Körperseiten heller werdend; die Unterseite des Körpers ist wie die Knochenschilder schmutzigweiß. Die Schnauze ist gelblich; die Flossen zeigen verschwommene graue, gelbliche und bläuliche Binden. L. bis 9 m (selten) bei einem Gewicht bis zu 1300 kg. Gewöhnlich höchstens 6—7 m lang (Fig. 34).

Marin anadrom.

Becken des Adriatischen, Schwarzen und Kaspischen Meeres und deren Zuflüsse.

2. **H. dauricus** (Georgi) 1775 *Acipenser d.*, Georgi, Reise Russ. Reich, *v.* 1 p. 352 | 1831 *A. orientalis*, Pallas, Zoogr. Rosso-Asiat., *v.* 3 p. 107 | 1833 *A. dauricus*, J. F. Brandt in: J. F. Brandt & Ratzeburg, Med. Zool., *v.* 2 p. 12 | 1836 *A. d.* (part.), Fitzinger & Heckel in: Ann. Wien. Mus., *v.* 1 p. 318 | 1846 *Huso d.* (part.) (nom. nud.),

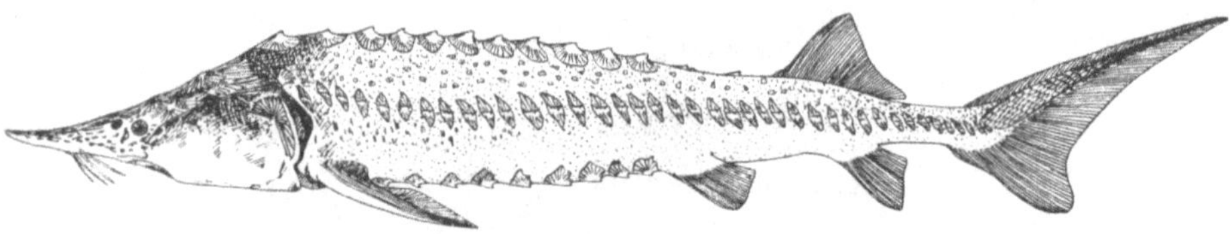

Fig. 35.
Huso dauricus (Georgi) juv. (Nach L. S. Berg, umgezeichnet.)

Bonaparte, Cat. Pesci Eur., p. 22 | 1855 *Acipenser mandschuricus*, Basilewski in: N. Mém. Soc. Moscou, *v.* 10 p. 250 | 1869 *A. dauricus*, J. F. Brandt in: Bull. Ac. St.-Pétersb., *v.* 14 p. 172 | 1870 *A. (Sterletus) d.*, A. Duméril, Hist. nat. Poissons, *v.* 2 p. 259 | 1872 *Huso orientalis*, Dybowski in: Verh. Ges. Wien, *v.* 22 p. 218 | 1904 *H. dauricus*, L. S. Berg in: Zool. Anz., *v.* 27 p. 666 | 1911 *H. d.*, L. S. Berg in: Faune Russie, Poissons *v.* 1 p. 146 t. 4 f. 1 | 1932 *H. d.*, L. S. Berg, Poissons U.R.S.S., *v.* 1 p. 43 f. 48 & 49 (Kopf von unten).

D. 43—57; A. 26—35; Rückenschilder 10—16; Seitenschilder 32—46; Bauchschilder 8—12; das 1. Rückenschild ist das größte in der Reihe. Die Bartfäden sind durchaus glatt, ohne eine blättchenförmige Membran und reichen zurückgelegt nur wenig über den vorderen Mundrand hinaus. Die Färbung ist oberseits dunkelgrau, an den Körperseiten heller werdend, unterseits weißlich; die Knochenschilder sind schmutzigweiß. L. bis ungefähr 4 m bei einem durchschnittlichen Gewicht von 800—1100 kg (Fig. 35).

Marin anadrom.

Amurbecken.

Bastarde

Durch das nahe Zusammenleben der verschiedenen Störarten an den Stellen ihres Vorkommens und durch den Umstand, daß ihre Laichzeiten meist in die gleichen Monate des Jahres fallen, kommt es häufig vor, daß Bastarde zwischen einzelnen Arten, ja selbst Gattungen zustande kommen. Diese so in freier Wildbahn auftretenden Blendlinge sind zwar als solche bekannt, es ist aber nicht einwandfrei nachweisbar, welcher Art jeweils Männchen und Weibchen bei der Zeugung angehört hat. Es ergibt sich die Notwendigkeit, die bis jetzt bekannt gewordenen Bastarde gesondert und im

Anschluß an die *Acipenseridae* zu bearbeiten, wobei bei der Anführung der einzelnen Namen durch entsprechende Zeichengebung darauf hingewiesen wird, daß hier die Artzugehörigkeit der Eltern nicht feststellbar war.

(♂ ?) **Acipenser (Acipenser) sturio** L. × (♀ ?) **A. (A.) güldenstädti** F. Brandt 1909 *A. s.* × *A. Güldenstädtii*, Antipa, Fauna Ichtiol. Romåniei, p. 273 | 1911 *A. güldenstädti* × *A. s.* (nom. nud.), L. S. Berg in: Faune Russie, Poissons *v.* 1 p. 265.

Schwarzes Meer, untere Donau. Selten.

(♂ ?) **A. (A.) ruthenus** L. × (♀ ?) **A. (A.) güldenstädti** F. Brandt 1870 ?*A. (Sterletus) Helenae*, A. Duméril, Hist. nat. Poissons, *v.* 2 p. 258 | 1905 *A. brandti* (non Günther), L. S. Berg in: Trudy Saratow. Obschtsch. Est., *v.* 4 p. 281 | 1909 *A. ruthenus* × *A. güldenstädti*, L. S. Berg in: Faune Russie, Poissons *v.* 1 p. 239 t. 7 f. 4a, 4b (Kopf von oben), 4c (Kopf von unten) | 1932 *A. r.* × *A. g.*, L. S. Berg, Poissons U.R.S.S., *v.* 1 p. 54 f. 59, 60.

Nördliches Kaspisches Meer und dessen Zuflüsse (Fig. 36).

(♂ ?) **A. (A.) ruthenus** L. × (♀ ?) **A. (A.) baerii** F. Brandt 1896 *A. stenorrhynchus* (part.), Nikolski in: Annuaire Mus. St.-Pétersb., *v.* 1 p. 400 | 1904 *A. baeri* × *A. ruthenus*, L. S. Berg in: Zool. Anz., *v.* 27 p. 666 | 1911 *A. r.* × *A. b.* (nom. nud.) + *A. b.* × *A. r.*, L. S. Berg in: Faune Russie, Poissons *v.* 1 p. 243, 273 | 1932 *A. b.* × *A. r.*, L. S. Berg, Poissons U.R.S.S., *v.* 1 p. 59 f. 67, 68.

Ob, Jenissei, untere Tunguska, Wilui, Lena (Fig. 37).

(♂ ?) **A. (A.) ruthenus** L. × (♀ ?) **A. (Gladostomus) stellatus** Pall. 1909 *A. r.* × *A. s.*, Antipa, Fauna Ichtiol. Romåniei, p. 271 t. 26 f. 132, 132a (Kopf von unten), 132b (Kopf und Vorderkörper von oben), 132b (errore pro 132c) (Hautstück mit Verknöcherungen), 133, 133a (Kopf und Vorderkörper von oben), 134, 134a (Kopf von oben), 134b (Kopf von unten), 134c (Rückenschilder), 134d (Hautstück mit Verknöcherungen) | 1911 *A. r.* × *A. s.*, L. S. Berg in: Faune Russie, Poissons *v.* 1 p. 241 t. 7 f. 3a, 3b (Kopf von oben), 3c (Kopf von unten) | 1932 *A. r.* × *A. s.*, L. S. Berg, Poissons U.R.S.S., *v.* 1 p. 54 f. 61.

Schwarzes Meer, Donaudelta und untere Donau, Odessa; Kaspisches Meer, Wolga (Fig. 38).

(♂ ?) **A. (A.) ruthenus** L. × (♀ ?) **A. (Lioniscus) nudiventris** Lovetzky 1909 *A. n.* × *A. glaber*, Antipa, Fauna Ichtiol. Romåniei, p. 271 | 1911 *A. n.* × *A. ruthenus* + *A. r.* × *A. n.* (nom. nud.), L. S. Berg in: Faune Russie, Poissons *v.* 1 p. 199, 138.

Untere Donau und deren Delta.

(♂ ?) **A. (A.) güldenstädti** F. Brandt × (♀ ?) **A. (Gladostomus) stellatus** Pall. 1909 *A. s.* × *A. Güldenstandtii*, Antipa, Fauna Ichtiol. Romåniei, p. 272 | 1911 *A. güldenstädti* × *A. s.*, L. S. Berg in: Faune Russie, Poissons *v.* 1 p. 265.

Untere Donau und deren Delta.

(♂ ?) **A. (A.) güldenstädti** F. Brandt × (♀ ?) **A. (Lioniscus) nudiventris** Lovetzky 1909 *A. glaber* × *A. Güldenstädtii*, Antipa, Fauna Ichtiol. Romåniei, p. 272 | 1911 *A. nudiventris* × *A. güldenstädti* + *A. g.* × *A. n* (nom. nud.), L. S. Berg in: Faune Russie, Poissons *v.* 1 p. 200; 264.

Untere Donau und deren Delta.

(♂ ?) **A. (A.) güldenstädti** F. Brandt × (♀ ?) **Huso huso** (L.) 1909 *A. Güldenstädtii* × *A. h.*, Antipa, Fauna Ichtiol. Romåniei, p. 273 t. 30 f. 145, 145a (Kopf von unten), 145b (Kopf von oben), 145c (Mund), 146, 146a (Kopf von oben), 146b (Kopf von unten), 146c (Mund), 147 (Kopf von unten), 147a (Kopf von oben), 147b (Haut-

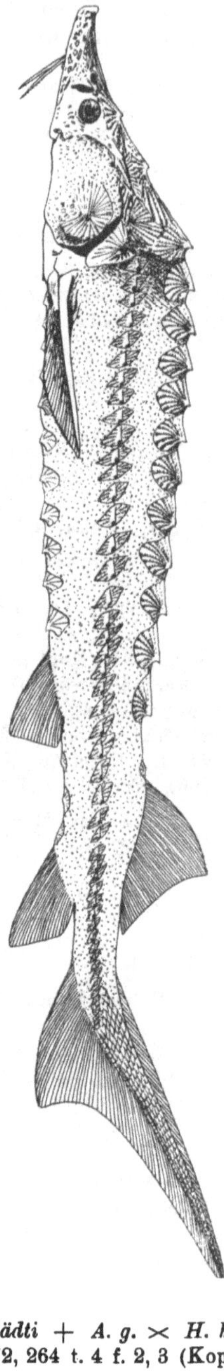

Fig. 36. (♂?) **Acipenser (Acipenser) ruthenus** L. × (♀?) **A. (A.) güldenstädti** F. Brandt. (Nach L. S. Berg, umgezeichnet.)

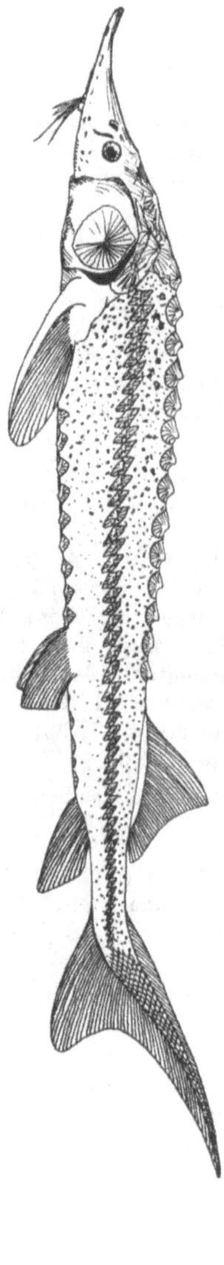

Fig. 37. (♂?) **Acipenser (Acipenser) ruthenus** L. × (♀?) **A. (A.) baeri** F. Brandt. (Nach L. S. Berg, umgezeichnet.)

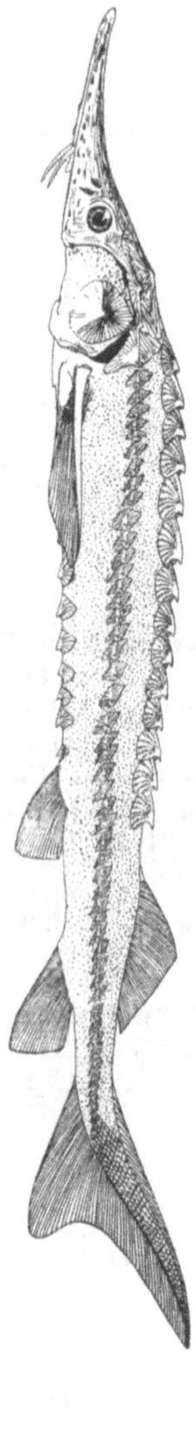

Fig. 38. (♂?) **Acipenser (Acipenser) ruthenus** L. × (♀?) **A. (Gladostomus) stellatus** Pall. (Nach L. S. Berg, umgezeichnet.)

stück mit Verknöcherungen) | **1911** *Huso h.* × *A. güldenstädti* + *A. g.* × *H. h.* **(nom. nud.), L. S. Berg in: Faune Russie, Poissons** *v.* **1 p. 172, 264 t. 4 f. 2, 3 (Kopf von unten).**

Untere Donau und deren Delta; Buinak am Kaspischen Meer (Fig. 39).

(♂?) **A. (A.) schrenckii** F. Brandt × (♀?) **Huso dauricus** (Georgi) 1932 *H. d.* × *A. schrencki*, L. S. Berg, Poissons U.R.S.S., *v.* 1 p. 44.

Amur bei Chabarowsk.

(♂?) **A. (Gladostomus) stellatus** Pall. × (♀?) **A. (Lioniscus) nudiventris** Lovetzky 1911 *A. n.* × *A. s.*, L. S. Berg in: Faune Russie, Poissons *v.* 1 p. 199 | 1932 *A. n.* × *A. s.*, L. S. Berg, Poissons U.R.S.S., *v.* 1 p. 50.

Kaspisches Meer bei Gurjew, Kura, Uralfluß.

(♂?) **A. (Gladostomus) stellatus** Pall. × (♀?) **Huso huso** (L.) 1909 *A. s.* × *Huso h.*, Antipa, Fauna Ichtiol. României, p. 272 t. 29 f. 142, 142a (Kopf von oben), 142b (Kopf von unten), 142c (Hautstück mit Verknöcherungen), 143, 144a (beide Kopf und Vorderkörper von oben) | 1911 *Huso h.* × *A. s.*, L. S. Berg in: Faune Russie, Poissons *v.* 1 p. 171.

Untere Donau; Uralfluß bei Gurjew.

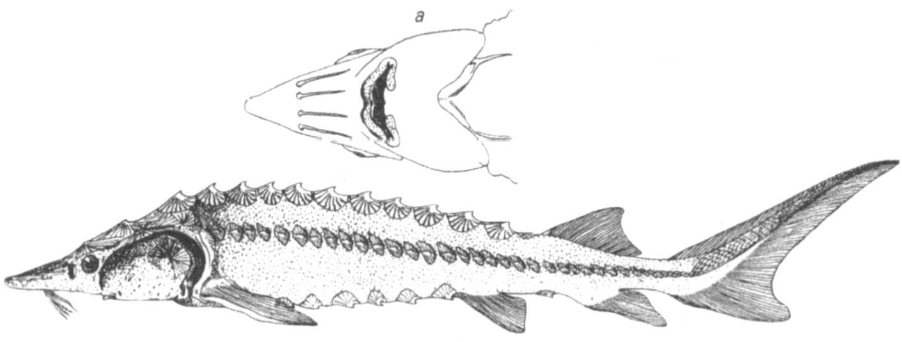

Fig. 39.
(♂?) **Acipenser (Acipenser) güldenstädti** F. Brandt × (♀?) **Huso huso** (L.). *a* Kopf von unten. (Nach L. S. Berg, umgezeichnet.)

(♂?) **A. (Lioniscus) nudiventris** Lovetzky × (♀?) **Huso huso** (L.) 1833 *A. schypa* (non Gmelin-Linné), J. F. Brandt in: J. F. Brandt & Ratzeburg, Med. Zool., *v.* 2 p. 350 t. 1a f. 2, F (Kopf von oben), G, H (Köpfe von unten), I (Bartel), K (Hautverknöcherungen) | 1834 *A. husoniformis*, Lovetzky in: N. Mém. Soc. Moscou, *v.* 3 p. 258 t. 16 f. 1a, 1b | 1857 *A. huso* × *A. schipa*, Golowatschow in: Bull. Soc. Moscou, *v.* 30 p. 539 | 1870 *A. brandti*, Alb. Günther, Cat. Fish. Brit. Mus., *v.* 8 p. 336 | 1889 ?*A. huso* (part.), Zograf in: Nachr. Ges. Moskau, *v.* 56 p. 9 | 1909 *A. glaber* × *A. h.*, Antipa, Fauna Ichtiol. României, p. 273 | 1911 *Huso h.* × *A. nudiventris* + *A. n.* × *H. h.* (nom. nud.), L. S. Berg in: Faune Russie, Poissons *v.* 1 p. 169, 199 | 1932 *H. h.* × *A. n.*, L. S. Berg, Poissons U.R.S.S., *v.* 1 p. 47.

Untere Donau und deren Mündung; Kaspisches Meer, Wolga, Uralfluß.

? (?) **A. (A.) ruthenus** L. × (?) **Huso huso** (L.) 1889 *A. r.* (*A. huso-r.*), Zograf in: Nachr. Ges. Moskau, *v.* 56 p. 9 | 1911 ?*Huso huso* × *A. r.* + *A. r.* × *H. h.* (nom. nud.), L. S. Berg in: Faune Russie, Poissons *v.* 1 p. 170, 238.

Wolga bei Astrachan und Simbirsk.

B. Subfam. **Scaphirhynchinae**

1845 *Scaphirhynchini*, Bonaparte in: Atti Sci. Ital., *v.* 6 p. 387 | 1893 *Scaphirhynchinae*, T. Gill in: Mem. Ac. Washington, *v.* 6 p. 138 | 1911 *Scaphirhynchini*, L. S. Berg in: Faune Russie, Poissons *v.* 1 p. 308.

Die Spritzlöcher und Pseudobranchien fehlen. Die Opercularkiemen sind rudimentär oder sehr schwach entwickelt.

2 Gattungen und 6 Arten.

Bestimmungstabelle der Gattungen:

Die Haut zwischen den Knochenschilderreihen ist mehr oder weniger dicht mit größeren oder kleineren Knochenplatten bedeckt; der Schwanzstiel ist stark verlängert und dorso-ventral abgeplattet; er ist breiter als hoch und vollkommen geschlossen von den Knochenschildern bedeckt; die Augen sind groß . . . . 3. Gen. **Scaphirhynchus**

Die Haut zwischen den Knochenschildern weist nur kleine Knochenkörnchen auf; der Schwanzstiel ist nicht oder nur wenig abgeplattet, und immer höher als breit; die Knochenschilder bilden am Schwanzstiel keinen geschlossenen Panzer; die Augen sind sehr klein . . . . 4. Gen. **Pseudoscaphirhynchus**

3. Gen. **Scaphirhynchus** Heck.

1820 *Accipenser* (part.)., Rafinesque, Ichthyol. Ohiens., p. 79 | 1836 *Scaphirhynchus*, Heckel in: Ann. Wien. Mus., *v.* 1 p. 71 | 1846 *Scaphorhynchus*, L. Agassiz, Nomencl. zool., Index p. 332 | 1863 *Scaphirhynchops*, T. Gill MS in: Hayden in: Tr. Amer. phil. Soc., n. ser. *v.* 12 p. 178 | 1870 *Scaphirhynchus*, A. Duméril, Hist. nat. Poissons, *v.* 2 p. 268 | 1870 *Acipenser* (part.), Alb. Günther, Cat. Fish. Brit. Mus., *v.* 8 p. 333 | 1877 *Scaphirhychops* + *Scathirhynchus*, D. S. Jordan & Copeland in: Bull. Buffalo Soc., *v.* 3 p. 161 | 1879 *Scaphirrhynchus*, A. O. Shaugnessy in: Zool. Rec., *v.* 14 Pisc. p. 8 | 1882 *Scaphirrhynchops*, D. S. Jordan & Gilbert in: Bull. U. S. Mus., *v.* 16 p. 88 | 1882 *Scaphirhyncops*, S. H. Scudder, ibid., *v.* 19 p. 300 | 1890 *Scaphirhynchus*, Kirsch & Fordice in: P. Ac. Philad., p. 246 | 1896 *Scaphyrhinchus*, N. Zograf in: Ann. Sci. nat., Zool. ser. 8 *v.* 1 p. 199 | 1904 *Scaphirhynchus*, L. S. Berg in: Zool. Anz., *v.* 27 p. 667 | 1905 *Parascaphirhynchus*, S. A. Forbes & R. E. Richardson in: Bull. Illinois Labor., *v.* 7 p. 38 | 1906 *Parascaphirynchus*, J. Sollas in: Zool. Rec., *v.* 42 Pisc. p. 50 | 1911 *Parascaphyrhynchus*, H. W. Fowler in: P. Ac. Philad., *v.* 62 p. 604.

Die Schnauze ist breit und spatelförmig, der Schwanzstiel stark verlängert und dorso-ventral abgeplattet; er ist breiter als hoch und vollkommen von den Knochenschildern bedeckt, die hier einen geschlossenen Panzer bilden. Die Haut zwischen den Knochenschildern des übrigen Teiles des Körpers sind mehr oder weniger dicht mit Knochenplatten bedeckt. Die Schwanzspitze ist lang und fadenförmig verlängert, die Schwanzflossenstrahlen reichen nicht bis an deren Ende. Spiracula und Pseudobranchien fehlen. Die Opercularkiemen sind fast vollkommen reduziert. Die Kiemenhaut ist mit dem Isthmus verwachsen und bildet keine rückwärts freie Falte. Die Kiemendornen sind fächerförmig. Die Schwimmblase ist groß, der Ductus pneumaticus wohl entwickelt. Die Augen sind groß.

Nordamerika.

3 Arten.

Bestimmungstabelle der Arten:

1 { Die Körperunterseite, zwischen den Bauchschildern, ist mit Knochenplatten bedeckt — **2**
Die Körperunterseite, zwischen den Bauchschildern, ist nackt, ohne Verknöcherungen . . . . 3. **S. albus**

2 { Die Knochenplatten zwischen den Bauchschildern sind glatt und dicht aneinanderliegend . . . . 1. **S. platorhynchus**
Die Knochenplatten zwischen den Bauchschildern sind gezähnt und stehen voneinander isoliert . . . . . 2. **S. mexicanus**

1. **S. platorhynchus** (Raf.) 1820 *Accipenser p.*, Rafinesque, Ichthyol. Ohiens., p. 80 | 1835 *Acipenser cataphractus*, J. E. Gray in: P. zool. Soc. London, 1834 pars 2 p. 122

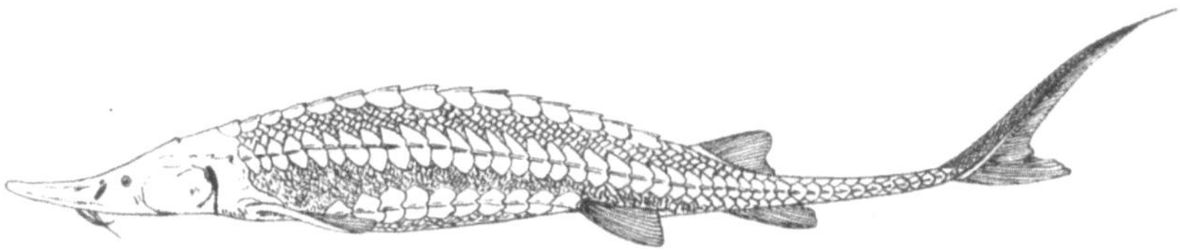

Fig. 40.
Scaphirhynchus platorhynchus (Raf.) (Nach Forbes & Richardson, umgezeichnet.)

1835 *Scaphirhynchus rafinesquei*, Heckel in: Ann. Wien. Mus., *v.* 1 p. 71 t. 8 f. 1 | 1851 *S. platyrhynchus*, Sp. Baird in: Sp. Baird-Heck, Iconogr. Enc., *v.* 2 p. 238 | 1858 *S. p.*, C. Girard in: Rep. Expl. Railroad Pacif. Ocean, *v.* 10 p. 337 | 1863 *Scaphirhynchops p.* (nom. nud.), Hayden in: Tr. Amer. phil. Soc., n. ser. *v.* 12 p. 178 | 1870 *Scaphirhynchus p.*, A. Duméril, Hist. nat. Poissons, *v.* 2 p. 269 | 1870 *Acipenser cataphractus*, Alb. Günther, Cat. Fish. Brit. Mus., *v.* 8 p. 345 | 1877 *Scaphirhynchops platyrhynchus*, D. S. Jordan & Copeland in: Bull. Buffalo Soc., *v.* 3 p. 161 | 1882 *Scaphirrhynchops platyrrhynchus*, D. S. Jordan & Gilbert in: Bull. U. S. Mus., *v.* 16 p. 88 | 1890 *Scaphirhynchus platyrhynchus*, Kirsch & Fordice in: P. Ac. Philad., p. 247 | 1896 *S. platorhynchus*, D. S. Jordan & Evermann in: Bull. U. S. Mus., *v.* 47 p. 107 t. 21 f. 48 | 1904 *S. platyrhynchus*, L. S. Berg in: Zool. Anz., *v.* 27 p. 667.

Fig. 41.
Scaphirhynchus mexicanus Gilt. *a* Von der Seite, *b* von oben. (Nach einer Photographie der im Musée Royal d'Histoire naturelle de Belgique befindlichen Type.)

D. 32; A. 20; Rückenschilder 15—20; Seitenschilder 40—46; Bauchschilder 11—13; zwischen den Bauchschildern ist die Haut mit mehr oder weniger rhombischen, dicht aneinanderliegenden, glatten Knochenplatten bedeckt. Vor den ziemlich großen Augen befindet sich ein Stachel. Die Färbung ist oberseits blaßoliv oder bräunlich, unterseits weißlich. L. bis 1,50 m (Fig. 40).

Nordamerika: Mississippi und seine Nebenflüsse; Flüsse und Ströme der westlichen und südlichen Vereinigten Staaten.

2. **S. mexicanus** Giltay 1929 *S. m.*, L. Giltay in: Ann. Soc. zool. Belgique, *v.* 59 p. 28.

D. 39; A. 23; Rückenschilder 16; Seitenschilder 46; Bauchschilder 13; zwischen den Bauchschildern ist die Haut mit isoliert stehenden, gezähnten Knochenplatten bedeckt. Die Färbung (des einzigen getrockneten Exemplares) ist unterseits hellgelb, oberseits dunkel. L. 715 mm (Fig. 41).

Mexiko.

3. **S. albus** (S. Forb. & R. E. Richards.) 1905 *Parascaphirhynchus a.*, S. A. Forbes & R. E. Richardson in: Bull. Illinois Labor., *v.* 7 p. 38 t. 4 (oberes Exemplar), t. 5 f. 1

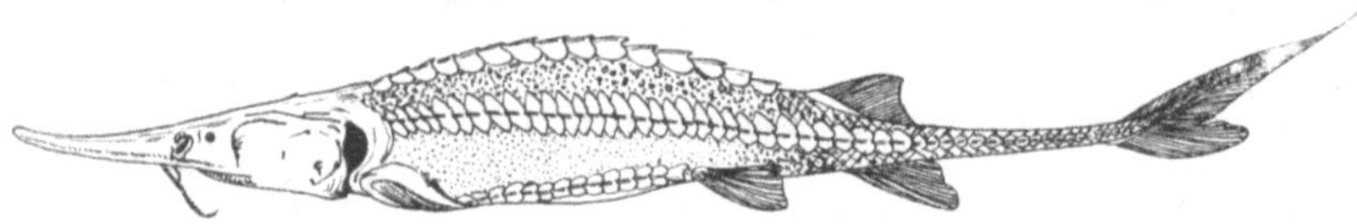

Fig. 42.
Scaphirhynchus albus (S. Forb. & R. E. Richards.) (Nach Forbes & Richardson, umgezeichnet.)

(Kopf von unten), t. 6 f. 1 (Hautstück mit Verknöcherungen), t. 7 (äußerster Kiemenbogen der rechten Seite) | 1906 *Parascaphirynchus a.*, J. Sollas in: Zool. Rec., *v.* 42 Pisc. p. 50 | 1911 *Parascaphyrhynchus a.*, H. W. Fowler in: P. Ac. Philad., *v.* 62 p. 604.

D. 35—43; A. 20—23; Rückenschilder 16—19; Seitenschilder 41—47; Bauchschilder 10—13; zwischen den Bauchschildern ist die Haut vollkommen nackt, bloß an der Brust finden sich einzelne wenige Knochenkörnchen. Die Färbung ist sehr hellbräunlich- bis gelblichweiß. L. bis 1,37 m (Fig. 42).

Nordamerika: Mississippi.

4. Gen. **Pseudoscaphirhynchus** Nikol.

1882 *Kessleria* (non Nowicki), Bogdanow, Oase Chiwa, t. 2 f. 3 | 1900 *Pseudoscaphirhynchus*, Nikolski in: Annuaire Mus. St-Pétersb., *v.* 5 p. 257 | 1904 *P.*, L. S. Berg in: Zool. Anz., *v.* 27 p. 667 | 1911 *P.* + Subgen. *Hemiscaphirhynchus* + Subgen. *P.*, L. S. Berg in: Faune Russie, Poissons *v.* 1 p. 308, 310. 314 | 1932 *P.*, L. S. Berg, Poissons U.R.S.S., *v.* 1 p. 67.

Die Schnauze ist breit und spatelförmig, der Schwanzstiel ist kurz, nicht oder nur sehr wenig abgeplattet und immer höher als breit; die Knochenschilder bilden am Schwanzstiel keinen geschlossenen Panzer. Die Haut zwischen den Knochenschildern des übrigen Körpers ist nur mit kleinen Knochenkörnern bedeckt. Ein Schwanzfaden fehlt oder ist vorhanden. Spiracula und Pseudobranchien fehlen. Die Opercularkiemen sind sehr schwach entwickelt oder rudimentär. Die Kiemenhaut ist mit dem Isthmus verwachsen und bildet keine rückwärts freie Falte. Die Kiemendornen sind platten- oder lanzettförmig. Die Schwimmblase ist klein oder rudimentär. Die Augen sind sehr klein.

Syr-darja und Amu-darja.

3 Arten.

Bestimmungstabelle der Arten:

1 Die Schnauze trägt an ihrem Ende 2—4 spitze Dornen; der Schwanzstiel ist etwas abgeplattet; die Schädeldeckknochen sind deutlich sichtbar und von keiner Haut bedeckt . . . . 3. **P. kaufmanni**
Die Schnauze trägt keine Dornen; der Schwanzstiel ist nicht abgeplattet; die Schädeldeckknochen werden von einer weichen Haut bedeckt und sind kaum oder gar nicht sichtbar — 2

2 Rückenschilder 9—13; Seitenschilder 31—38; ein Schwanzfaden fehlt; Amu-darja . . . . 2. **P. hermanni**
Rückenschilder 15—22; Seitenschilder 37—44 (selten 57); bei erwachsenen Exemplaren ist gewöhnlich ein Schwanzfaden vorhanden; Syr-darja . . . . 1. **P. fedtschenkoi**

1. **P. fedtschenkoi** (K. Kessl.) 1872 *Scaphirhynchus f.*, K. Kessler in: Nachr. Ges. Moskau, *v.* 10 p. 70 f. 36—41 | 1882 *Kessleria f.*, Bogdanow, Oase Chiwa, t. 2 f. 3 | 1904 *Pseudoscaphirhynchus f.*, L. S. Berg in: Zool. Anz., *v.* 27 p. 667 | 1905 *P. f.* + forma *brevirostris* + forma *longirostris* + forma *intermedia*, L. S. Berg in: Nachr. Turkestan-Abt. Russ. Geogr. Ges., *v.* 5 p. 34, 35 t. 2 f. 6 | 1911 *P. (Pseudoscaphirhynchus) f.* + morpha *b.* + morpha *i.*, L. S. Berg in: Faune Russie, Poissons *v.* 1 p. 316, 318 f. 5 auf p. 312 | 1932 *P. f.* + morpha *b.* + morpha *i.*, L. S. Berg, Poissons U.R.S.S., *v.* 1 p. 70.

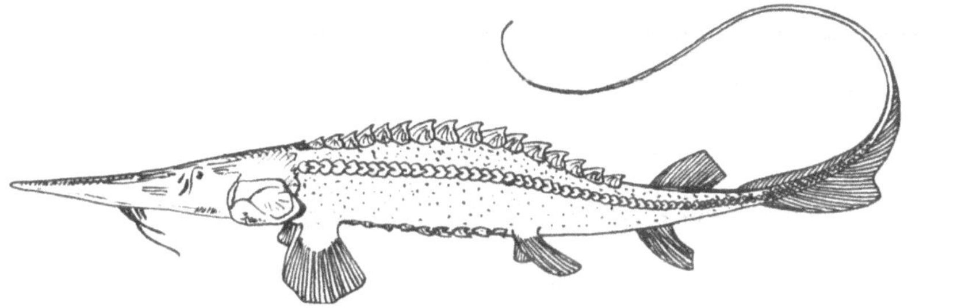

Fig. 43.
Pseudoscaphirhynchus fedtschenkoi (K. Kessl.). (Nach Kessler, aus L. S. Berg, umgezeichnet.)

D. 30—34; A. 19—20; Rückenschilder 15—22; Seitenschilder 37—44 (selten 57); Bauchschilder 7—10. Die Schädeldeckknochen werden von einer weichen Haut bedeckt und sind deshalb kaum oder gar nicht sichtbar. Die Schnauze trägt keine Dornen. Der Schwanzstiel ist nicht dorso-ventral abgeplattet. Erwachsene Exemplare besitzen gewöhnlich einen Schwanzfaden. Die Färbung ist bräunlich, olivbräunlich; oberseits dunkler, unterseits weißlich; die Knochenschilder sind bräunlichweiß. L. ohne Schwanzfaden bis 270 mm, mit Schwanzfaden bis 360 mm (Fig. 43).

Asiatisches Südrußland: Syr-darja: Ferghanabecken bis zur Mündung.

2. **P. hermanni** (K. Kessl.) 1877 *Scaphirhynchus h.*, K. Kessler in: Trudy Aralo-Kasp. Eksp., fasc. 4 p. 190 t. 8 f. 25 | 1900 *Pseudoscaphirhynchus rossikowi*, Nikolski in: Annuaire Mus. St.-Pétersb., *v.* 5 p. 258 | 1904 *P. hermanni*, L. S. Berg in: Zool. Anz., *v.* 27 p. 667 | 1905 *Kessleria h.* + *rossikowi* (nom. nuda), D. S. Jordan, Guide Study Fish., *v.* 2 p. 20 | 1911 *Pseudoscaphirhynchus (P.) h.*, L. S. Berg in: Faune Russie, Poissons *v.* 1 p. 314 | 1932 *P. h.*, L. S. Berg, Poissons U.R.S.S., *v.* 1 p. 69 f. 82, 83 (von unten) & 84 (linke Brustflosse).

D. 29—30; A. 17—20; Rückenschilder 9—13; Seitenschilder 31—38; Bauchschilder 6—8. Die Schädeldeckknochen werden von einer weichen

Haut bedeckt und sind deshalb kaum oder gar nicht sichtbar. Die Schnauze trägt keine Dornen. Der Schwanzstiel ist nicht abgeplattet. Ein Schwanzfaden fehlt stets. Die Färbung ist oberseits bräunlich, an den Körperseiten heller werdend, unterseits ist sie weißlich; die Knochenschilder sind weißlich. L. bis 270 mm (Fig. 44).

Asiatisches Südrußland: Amu-darja: Von Termes bis zur Mündung.

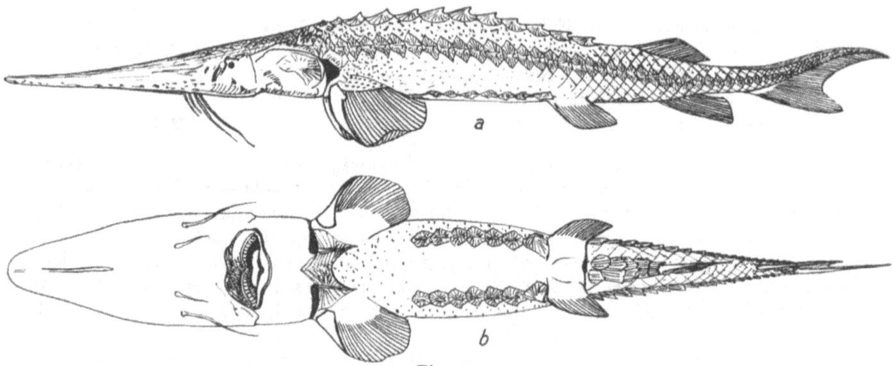

Fig. 44.
Pseudoscaphirhynchus hermanni (K. Kessl.). *a* Von der Seite, *b* von unten. (Nach L. S. Berg, umgezeichnet.)

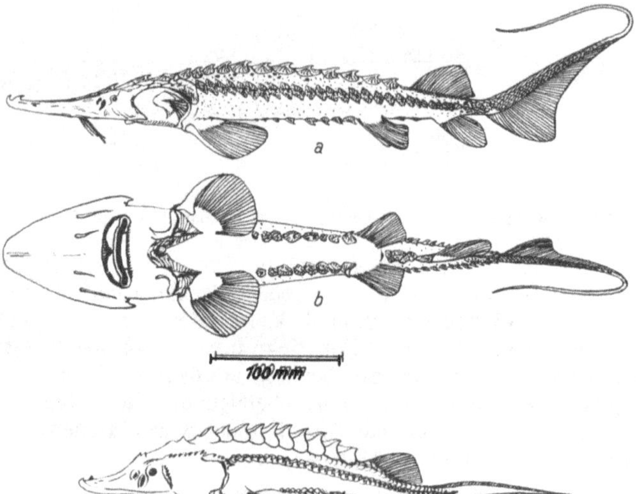

Fig. 45.
Pseudoscaphirhynchus kaufmanni (K. Kessl.). *a* Von der Seite, *b* von unten, *c* jugendliches Exemplar. (Nach L. S. Berg, umgezeichnet.)

3. **P. kaufmanni** (K. Kessl.) 1874 *Scaphirhynchus k.* (nom. nud.), Bogdanow in: Trav. Soc. St.-Pétersb., *v.* 5 p. XLVIII (Protokoll) | 1877 *S. k.*, K. Kessler in: Trudy Aralo-Kasp. Eksp., fasc. 4 p. 194 t. 8 f. 26 | 1882 *S. k.*, Bogdanow, Oase Chwa, p. 106 t. 1 f. 1—4 & t. 2 f. 1, 2 | 1887 *S. k.*, Zograf in: Nachr. Ges. Moskau, *v.* 52

Lief. 3 p. 25 f. 24, 25; p. 48 f. 71; p. 50 f. 54, 55 (Zähne) | 1900 *Pseudoscaphirhynchus k.* (nom. nud.), Nikolski in: Annuaire Mus. St.-Pétersb., *v.* 5 p. 258 | 1904 *P. k.*, L. S. Berg in: Zool. Anz., *v.* 27 p. 667 | 1905 *P. k.*, L. S. Berg in: Nachr. Turkestan-Abt. Russ. Geogr. Ges., *v.* 4 p. 29 t. 2 f. 1—4 | 1907 *Kessleria k.*, Gratzianow in: Arb. ichthyol. Abt. Russ. Ges. Akklim., *v.* 4 p. 54 | 1911 *Pseudoscaphirhynchus (Hemiscaphirhynchus) k.*, L. S. Berg in: Faune Russie, Poissons *v.* 1 p. 310 f. 1 (von oben), 2 (von unten), 3 (Kopf von der Seite), 4 (rückwärtiger Teil des Körpers) (cop. Kessler) | 1932 *P. k.*, L. S. Berg, Poissons U.R.S.S., *v.* 1 p. 67 f. 77, 78 (von oben), 79 (von unten), 80 (jugendliches Exemplar), 81 (desgl. von oben).

D. 29—32; A. 18—19; Rückenschilder 10—13; Seitenschilder 32—38; Bauchschilder 7—11. Die Deckknochen des Schädels sind deutlich sichtbar. Die Schnauze trägt oberseits an ihrem Ende 2—4 spitze, nach rückwärts gekrümmte Dornen. Der Schwanzstiel ist etwas abgeplattet, ein Schwanzfaden ist vorhanden. Die Färbung ist bräunlichgelb, bräunlich; oberseits ist sie dunkler, unterseits hell bis weißlich; die Knochenschilder sind bräunlichweiß oder schmutzigweiß. L., der Schwanzfaden inbegriffen, bis 750 mm bei einem durchschnittlichen Gewicht von 2 kg (Fig. 45).

Asiatisches Südrußland: Amu-darja: Vom Pändsch bei Saraj bis zur Mündung.

2. Fam. **Polyodontidae**

1825 *Phyllorhynci*, Latreille, Fam. Règne an., p. 114 | 1832 *Acipenseridae* (part.), Bonaparte in: Giorn. arcad., *v.* 49 p. 41 | 1835 *Nuda* + *Spatulariae*, J. Müller, Vergl. Anat. Myxinoiden, p. 10 | 1836 *Sturionideae* (part.), J. Richardson in: Fauna Bor.-Amer., *v.* 3 p. 278 | 1838 *Polyodontidae*, Bonaparte in: N. Ann. Bologna, *v.* 2 p. 131 | 1839 *Prionidae*, W. Swainson, Hist. Classif. Fish., *v.* 2 p. 193, 322 | 1852 *Sturiones* (part.), Hoeven, Handb. Zool., ed. 2 *v.* 2 p. 79 | 1862 Subfam. *Spatularinae*, Kaup in: Arch. Naturg., *v.* 28I p. 280 | 1870 *Polyodontidi*, A. Duméril, Hist. nat. Poissons, *v.* 2 p. 271 | 1870 *Polyodontidae*, Alb. Günther, Cat. Fish. Brit. Mus., *v.* 8 p. 346 | 1872 *Spatularida*, Schmarda, Zool., *v.* 2 p. 313 | 1873 *Spatulariae*, Fitzinger in: SB. Ak. Wien, *v.* 67I p. 52 | 1882 *Polyodontidae*, D. S. Jordan & Gilbert in: Bull. U. S. Mus., *v.* 16 p. 82 | 1896 *P.*, D. S. Jordan & Evermann, ibid., *v.* 47 p. 101 | 1932 *P.*, Grobben in: Claus-Grobben-Kühn, Lehrb. Zool., ed. 10 p. 932.

Knorpelganoiden mit nahezu nackter oder mit winzigen Knochenkörnchen bedeckter Haut. Die Kiemenhautstrahlen sind vorhanden. Der Mund ist weit, die Kiefer tragen zahlreiche kleine Zähnchen. Die Schnauze ist zu einem mehr oder weniger breiten und flachen Blatte verlängert und trägt an ihrer Unterseite keine oder nur ein Paar sehr kleiner Bartfäden. Spritzlöcher sind vorhanden. Die Pseudobranchien und Opercularkiemen fehlen.

2 Gattungen und 2 Arten.

Bestimmungstabelle der Gattungen:

Die Kiemendornen sind lang, sehr dünn und sehr zahlreich;
Flüsse der mittleren Vereinigten Staaten . . . . . . 1. Gen. **Polyodon**

Die Kiemendornen sind kurz, stark und weniger zahlreich;
China: Ningpo; Jangtsekiang . . . . 2. Gen. **Psephurus**

1. Gen. **Polyodon** (Lac.) Bl. & J. G. Schn.

1797 *P.*, Lacépède in: Bull. Soc. philom., *v.* 1 p. 49 | 1801 *P.*, M. E. Bloch & J. G. Schneider, Syst. Ichthyol., p. 457 | 1804 *Spatularia*, G. Shaw, Gen. Zool., *v.* 5 p. 362 | 1818 *Platirostra*, Lesueur in: J. Ac. Philad., *v.* 1II p. 227 | 1820 *Accipenser* (part.) + *Planirostra* + *Megarhinus* MS + *Proceros*, Rafinesque, Ichthyol. Ohiens., p. 79, 83, 87 | 1826 *Platyrostra* + *Polyodon*, Cloquet in: Dict. Sci. nat., *v.* 41 p. 352 & *v.* 42 p. 363 | 1835 *Spatularia* + Subgen. *Polyodon* + Subgen. *Planirostra*, J. Müller, Vergl. Anat. Myxinoiden, p. 10 | 1852 *S.*, Hoeven, Handb. Zool., ed. 2 *v.* 2 p. 80 | 1862 *S.*

(part.), Kaup in: Arch. Naturg., *v.* 28 I p. 278 | 1870 *Polyodon* (part.), A. Duméril, Hist. nat. Poissons, *v.* 2 p. 284 | 1870 *P.* (part.), Alb. Günther, Cat. Fish. Brit. Mus., *v.* 8 p. 346 | 1882 *P.*, D. S. Jordan & Gilbert in: Bull. U. S. Mus., *v.* 16 p. 83 | 1896 *P.*, D. S. Jordan & Evermann, ibid., *v.* 47 p. 101.

Die Schnauzenverlängerung ist sehr breit und flach; die Kiemendornen sind lang, sehr dünn und sehr zahlreich. Die Caudalfulcren sind von mäßiger Größe, man zählt deren 13 bis 20. Die Seitenlinie ist vollständig und sendet nach der Körperunterseite zu kurze Äste aus.

Flüsse der mittleren und südlicheren Vereinigten Staaten.

1 Art.

1. **P. spathula** (Walbaum) 1792 *Squalus s.*, Walbaum in: Artedi, Gen. Pisc., p. 522 | 1798 *„Polyodon feuille"*, Lacépède, Hist. Poissons, *v.* 1 p. 402 t. 12 f. 3 | 1801 *P. folium*, M. E. Bloch & J. G. Schneider, Syst. Ichthyol., p. 457 t. 62 f. 1 (cop. Lacépède) | 1804 *Spatularia reticulata*, G. Shaw, Gen. Zool., *v.* 5 p. 362 t. 156 (cop. Lacépède) | 1818 *Platirostra edentula*, Lesueur in: J. Ac. Philad., *v.* 1 II p. 227 t. 11 | 1820 *Polyodon folium* + *Planirostra edentula* + *Megarhinus paradoxus* MS., *Accipenser lagenarius* +

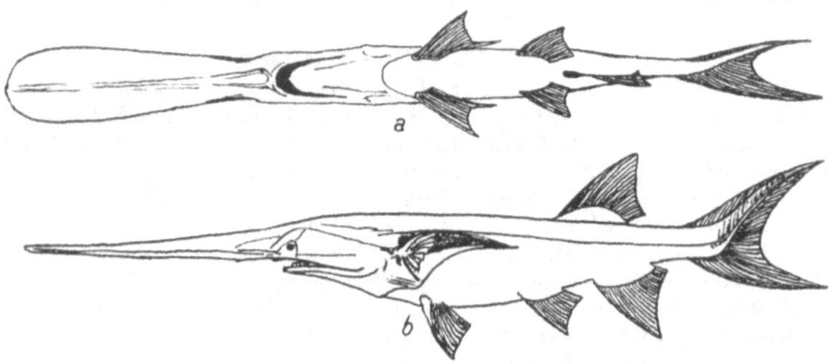

Fig. 46.
Polyodon spathula (Walbaum). *a* Von unten, *b* von der Seite. (Nach Goode aus Jordan & Evermann, umgezeichnet.)

Proceros maculatus + *vittatus*, Rafinesque, Ichthyol. Ohiens., p. 82, 83, 86, 87 | 1826 *Platyrostra e.* + *Polyodon f.*, Cloquet in: Dict. Sci. nat., *v.* 41 p. 352 & *v.* 42 p. 363 | 1838 & 39 *Polyodon reticulatus*, W. Swainson, Hist. Classif. Fish., *v.* 1 p. 122, 152, 157, 187 f. 7 & *v.* 2 p. 322 | 1851 *P. spatula*, J. E. Gray, List Fish Brit. Mus., *v.* 1 p. 20 | 1853 *Planirostra s.*, Rich. Owen, Descr. Cat. osteol. Ser., *v.* 1 p. 83 | 1870 *Polyodon folium*, A. Duméril, Hist. nat. Poissons, *v.* 2 p. 284 | 1870 *P. f.*, Alb. Günther, Cat. Fish. Brit. Mus., *v.* 8 p. 346 | 1882 *P. spathula*, D. S. Jordan & Gilbert in: Bull. U. S. Mus., *v.* 16 p. 83 | 1896 *P. s.*, D. S. Jordan & Evermann, ibid., *v.* 47 p. 101 t. 20 f. 43, 43a (von unten).

D. 50—60; A. 50—65; die Kiemendeckel sind am Hinterrande mit einem langen Lappen ausgestattet, der zurückgelegt bis zu den Bauchflossen reicht. Die Schnauzenverlängerung ist $2^1/_2$ bis 4 mal so lang wie breit. Sonst mit den Merkmalen der Gattung. Die Färbung ist blei- bis olivgrau, oberseits dunkel, an den Körperseiten heller werdend; bauchseits weißlich. L. bis 1,83 m (Fig. 46).

Mississippi und die Flüsse und Ströme der südlicheren Vereinigten Staaten; Erie-See.

2. Gen. **Psephurus** Günther

1862 *Polyodon* (part.), E. Martens in: Monber. Ak. Berlin, p. 476 | 1862 *Spatularia* (part.), Kaup in: Arch. Naturg., *v.* 28 I p. 278 | 1870 *Polyodon* (part.), A. Duméril, Hist.

nat. Poissons, *v.* 2 p. 284 | 1870 *P.*, Alb. Günther, Cat. Fish. Brit. Mus., *v.* 8 p. 346 | 1873 *Psephurus*, Alb. Günther in: Ann. nat. Hist., ser. 4 *v.* 12 p. 250 | 1934 *P.*, Shigeru Kimura in: J. Shanghai Sci. Inst., *v.* 1 p. 17.

Die Schnauzenverlängerung ist verhältnismäßig schmal; die Kiemendornen sind kurz, stark und von mäßiger Anzahl. Die Caudalfulcren sind groß, man zählt deren 8. Die Seitenlinie ist vollständig.

China: Ningpo; Jangtsekiang.

1 Art.

1. **P. gladius** (Marts.) 1862 *Polyodon g.*, E. Martens in: Monber. Ak. Berlin, p. 476 | 1862 *Spatularia (Polyodon) angustifolium*, Kaup in: Arch. Naturg., *v.* 28I p. 278 | 1870 *Polyodon gladius*, A. Duméril, Hist. nat. Poissons, *v.* 2 p. 287 t. 19 f. 3 | 1870 *P. g.*, Alb. Günther, Cat. Fish. Brit. Mus., *v.* 8 p. 347 | 1873 *Psephurus g.*, Alb. Günther in: Ann. nat. Hist., ser. 4 *v.* 12 p. 250 | 1934 *P. g.*, Shigeru Kimura in: J. Shanghai Sci. Inst., *v.* 1 p. 17.

Fig. 47.
Psephurus gladius (Marts.). (Nach Günther.)

D. 51—65; A. 46—58; die Kiemendeckel sind mit einem Lappen ausgestattet, der zurückgelegt bis zur Hälfte der Brustflossenbasis reicht. Die Schnauzenverlängerung ist lang, flach und verhältnismäßig schmal. An der Unterseite der Schnauze, etwas hinter der halben Kopflänge, findet sich ein Bartelpaar, das sehr klein und dünn ist. Sonst mit den Merkmalen der Gattung. Die Färbung ist blaugrau, oberseits dunkel, au den Körperseiten heller werdend; bauchseits ist sie schwach rötlich. L. bis 1,22 m (Fig. 47).

China: Ningpo; Jangtsekiang.

B. Subord. **Rhomboganoidei**

1845 *Holostei*, J. Müller in: Arch. Naturg., *v.* 11I p. 137 | 1845 *Ganoidei* (part.), Bonaparte in: Atti Sci. Ital., *v.* 6 p. 387 | 1846 *Sauroidei* (part.), Bonaparte, Cat. Pesci Eur., p. 4 | 1850 *Lepidostei* (part.), Bonaparte, Consp. Syst. Ichthyol. | 1852 *Ganolepidoti (Holostei)* (part.), Hoeven, Handb. Zool., ed. 2 *v.* 2 p. 81 | 1866 *Rhombiferi (Rhomboganoides)* (part.) + *Fulcrati*, Haeckel, Gen. Morphol., *v.* 2 p. CXXIV, CXXV | 1866 *Lepidoganoidei*, Rich. Owen, Anat. Vert., *v.* 1 p. 12 | 1870 *Holostei* (part.), Alb. Günther, Cat. Fish. Brit. Mus., *v.* 8 p. 324 | 1872 *Rhomboganoidei*, T. Gill in: Smithson. Collect., *v.* 11 p. 21 | 1872 *Osteoganoidea* (part.) + *Rhombifera* (part.), Schmarda, Zool., *v.* 2 p. 313 | 1873 *Heterocerci*, Fitzinger in: SB. Ak. Wien, *v.* 67I p. 51 | 1882 *Holostei* + *Ginglymodi*, D. S. Jordan & Gilbert in: Bull. U. S. Mus., *v.* 16 p. 88, 89 | 1889 *Physostomi* (part.) + *G.*, E. D. Cope in: Amer. Natural., *v.* 23 p. 856, 858 | 1895 *Euganoides* (part.), Haeckel, Syst. Phyl., *v.* 3 p. 250 | 1896 *Holostei* (part.) + *Rhomboganoidea*, D. S. Jordan & Evermann in: Bull. U. S. Mus., *v.* 47 p. 107, 108 | 1907 *Lepidosteoidei* (part.) + *Protospondyli* (part.) + *Ginglymodi*, W. K. Gregory in: Ann. N. York Ac., *v.* 17 p. 448 | 1932 *Rhomboganoidea*, Grobben in: Claus-Grobben-Kühn, Lehrb. Zool., ed. 10 p. 932.

Ganoidei mit knöchernem Skelett. Der Körper wird von großen rhombischen Ganoidschuppen bedeckt. Die Schwanzflosse ist heterocerk. Am Vorderrand sämtlicher Flossen liegen sich dachziegelartig deckende Schuppen (Fulcra). Die Kiefer sind stark verlängert und mit starken Zähnen bewehrt. Die Wirbel sind opistocoel. Spritzlöcher fehlen. Die Opercularkiemen sind vorhanden. Die Kiemenhautstrahlen sind gut entwickelt. Die Schwimmblase ist zellig, lungenähnlich und wird vermutlich als accessorisches Atmungsorgan verwendet. Die Spiralklappe des Darmes ist rudimentär. Die aus den Eiern geschlüpften Jungen besitzen einen großen Dottersack und eine vor dem Munde gelegene, mit zahlreichen Papillen besetzte Haftscheibe.

1 Familie mit 1 Gattung, die in 3 Untergattungen zerfällt, 3 Arten, die in 7 Unterarten zerfallen, 1 unsichere Art.

1. Fam. **Lepisosteidae**

1806 *„Siagonotes"* (part.), C. Duméril, Zool. anal., p. 149 | 1825 *Clupeoides* (part.) + Trib. *Armicipites* (part.), Latreille, Fam. Règne an., p. 120 | 1832 *Clupeidae* (part.) + *Amini* (part.), Bonaparte in: Giorn. arcad., *v.* 49 p. 36 | 1838 *Lepidosteidae* (part.) + *Lepidosteini*, Bonaparte in: N. Ann. Bologna, *v.* 2 p. 131 | 1845 *Lepidosteini*, J. Müller in: Arch. Naturg., *v.* 11I p. 137 | 1846 *Lepidosteidae* + *Lepidosteini*, Bonaparte, Cat. Pesci Eur., p. 4 | 1846 *Salamandroidei* (part.), Rich. Owen, Lect. vert. Anat., *v.* 1 p. 50 | 1852 *Sauroidei* (part.), Hoeven, Handb. Zool., ed. 2 *v.* 2 p. 81 | 1870 *Lepidosteidi*, A. Duméril, Hist. nat. Poissons, *v.* 2 p. 291 | 1870 *Lepidosteidae*, Alb. Günther, Cat. Fish. Brit. Mus., *v.* 8 p. 328 | 1872 *Lepidosteida (Disticha)*, Schmarda, Zool., *v.* 2 p. 314 | 1873 *Lepidostei*, Fitzinger in: SB. Ak. Wien, *v.* 67I p. 52 | 1896 *Lepisosteidae*, D. S. Jordan & Evermann in: Bull. U. S. Mus., *v.* 47 p. 108 | 1932 *L.*, Grobben in: Claus-Grobben-Kühn, Lehrb. Zool., ed. 10 p. 932.

Mit den Merkmalen der Unterordnung.

1 Gattung, die in 3 Untergattungen zerfällt, 3 Arten, die in 7 Unterarten zerfallen, 1 unsichere Art.

1. Gen. **Lepisosteus** Lac.

1758 *Esox* (part.), Linné, Syst. Nat., ed. 10 p. 243, 313 | 1801 *E.* (part.), M. E. Bloch & J. G. Schneider, Syst. Ichthyol., p. 390 | 1803 *Lepisosteus*, Lacépède, Hist. Poissons, *v.* 5 p. 331 | 1818 *Sarchirus*, Rafinesque in: J. Ac. Philad., *v.* 1II p. 418 | 1818 *Litholepis*, Rafinesque in: Amer. monthly Mag., *v.* 3 p. 447 | 1818 *Megrhinus* (nom. nud.), Rafinesque, ibid., *v.* 4 p. 107 | 1820 *Lepisosteus* + *Cylindrosteus* + *Atractosteus* + *Sarchirus*, Rafinesque, Ichthyol. Ohiens., p. 69, 72, 75, 86 | 1825 *Lepidosteus* (pro *Lepisosteus* Lacépède), Carl D. E. Koenig, Icon. Foss. sect., t. 12 | 1839 *Litholepes* (pro *Litholepis* Rafinesque), W. Swainson, Hist. Classif. Fish., *v.* 2 p. 187, 297 | 1854 *Macrognathus* (part.) (non Lacépède), Alb. Günther in: Gronow, Cat. Fish Brit. Mus., p. 147 | 1870 *Lepidosteus* + *Cylindrosteus* + *Atractosteus*, A. Duméril, Hist. nat. Poissons, *v.* 2 p. 322, 346, 359 | 1870 *L.*, Alb. Günther, Cat. Fish. Brit. Mus., *v.* 8 p. 328 | 1882 *L.* + *Litholepis*, D. S. Jordan & Gilbert in: Bull. U. S. Mus., *v.* 16 p. 90, 92 | 1896 *Lepisosteus* + Subgen. *L.* + Subgen. *Cylindrosteus* + Subgen. *Atractosteus*, D. S. Jordan & Evermann, ibid., *v.* 47 p. 109, 110, 111.

Die stark verlängerten Kiefer sind mit zahlreichen kleinen und großen, spitzen Zähnen besetzt; im Oberkiefer stehen vorn kleine Zähne, daran schließen sich große, nach welchen wieder sehr kleine stehen, die nach hinten zu Bänder bilden; bei manchen Arten enthalten diese nach innen zu größere Zähne; manche der vorderen Zähne sind gewöhnlich beweglich. Das Pflugscharbein und das Palatinum tragen Bänder von kleinen, feinen Zähnen; die Zahnbänder des Mundhöhlendaches sind häufig ein wenig zusammengedrückt oder unregelmäßig; bei jugendlichen Exemplaren sind einzelne Palatinzähnchen oft vergrößert und bilden dann manchmal regelrechte Reihen. Der Unterkiefer trägt vorn gleichfalls kleine Zähne, an die sich beiderseits große anschließen, gefolgt von einem breiten Band feiner Zähnchen. Die großen Zähne liegen bei geschlossenem Munde in Rillen des jeweils gegenüberliegenden Kiefers.

Flüsse und Seen von Nord- und Mittelamerika; 1 unsichere Art ist aus China gemeldet.

3 Untergattungen, 3 Arten, die in 7 Unterarten zerfallen, 1 unsichere Art.

Bestimmungstabelle der Untergattungen:

1	Die großen Zähne des Oberkiefers stehen in einer Reihe; die Verlängerung der Kiefer (der Schnabel) ist stets länger als der restliche Teil des Kopfes — 2	
	Die großen Zähne des Oberkiefers stehen in zwei Reihen; der Schnabel ist nicht länger als der restliche Teil des Kopfes	c) Subgen. **Litholepis**
2	Der Schnabel ist lang und dünn; seine Länge ist mehr als doppelt so lang wie der restliche Teil des Kopfes	a) Subgen. **Lepisosteus**
	Der Schnabel ist kürzer und breiter; seine Länge ist etwas größer als der restliche Teil des Kopfes	b) Subgen. **Cylindrosteus**

a) Subgen. **Lepisosteus** Lac.

1758 *Esox* (part.), Linné, Syst. Nat., ed. 10 p. 243, 313 | 1801 *E.* (part.), M. E. Bloch & J. G. Schneider, Syst. Ichthyol., p. 390 | 1803 *Lepisosteus*, Lacépède, Hist. Poissons, *v.* 5 p. 331 | 1818 *Sarchirus*, Rafinesque in: J. Ac. Philad., *v.* 1 II p. 418 | 1820 *Lepisosteus* (part.) + *Sarchirus*, Rafinesque, Ichthyol. Ohiens., p. 69, 72, 86 | 1825 *Lepidosteus*, Carl D. E. Koenig, Icon. Foss. sect., t. 12 | 1854 *Macrognathus* (part.) (non Lacépède), Alb. Günther in: Gronow, Cat. Fish Brit. Mus., p. 147 | 1870 *Lepidosteus* (part.), A. Duméril, Hist. nat. Poissons, *v.* 2 p. 322 | 1870 *L.* (part.), Alb. Günther, Cat. Fish. Brit. Mus., *v.* 8 p. 328 | 1882 *L.* (part.), D. S. Jordan & Gilbert in: Bull. U. S. Mus., *v.* 16 p. 90 | 1896 *Lepisosteus*, D. S. Jordan & Evermann, ibid., *v.* 47 p. 109 | 1910 *L.*, H. W. Fowler in: P. Ac. Philad., *v.* 62 p. 104.

Im Oberkiefer stehen die großen Zähne in einer Reihe; der Schnabel ist mehr als doppelt so lang wie der restliche Teil des Kopfes.

1 Art, die in 2 Unterarten zerfällt.

1. **L. (L.) osseus** (L.) 1758 *Esox o.*, Linné, Syst. Nat., ed. 10 p. 313 | 1789 *E. viridis*, J. F. Gmelin in: J. F. Gmelin-Linné, Syst. Nat., ed. 13 *v.* 1 pars 3 p. 1389 | 1801 *E. osseus* + *E. v.*, M. E. Bloch & J. G. Schneider, Syst. Ichthyol., p. 392, 393 | 1803 *Lepisosteus gavialis*, Lacépède, Hist. Poissons, *v.* 5 p. 333 | 1818 *Sarchirus Vittatus*, Rafinesque in: J. Ac. Philad. *v.* 1 II p. 419 t. 17 f. 2 | 1820 *Lepisosteus gavial* + *L. (Cylindrosteus) oxyurus* + *L. (C.) longirostris* + *Sarchirus vittatus* + *S. argenteus*, Rafinesque, Ichthyol. Ohiens., p. 69, 71, 73, 74, 86 | 1836 *Lepidosteus gracilis* + *L. semiradiatus*, L. Agassiz, Rech. Poissons foss., *v.* 2 p. 2 t. 2 | 1836 *Lepisosteus huronensis*, J. Richardson in: Fauna Bor.-Amer., *v.* 3 p. 237 | 1842 *L. bison*, De Kay in: Nat. Hist. N. York, Zool. *v.* 1 p. 271 | 1842 *L. lineatus*, Thompson, Hist. Vermont, p. 145 | 1854 *Macrognathus loricatus*, Alb. Günther in: Gronow, Cat. Fish Brit. Mus., p. 148 | 1858 *Lepidosteus leptorhynchus*, C. Girard in: Rep. Expl. Railroad Pacif. Ocean, *v.* 10 p. 351 | 1865 *L. crassus* + *otarius*, E. D. Cope in: P. Ac. Philad., p. 86 | 1870 *L. osseus* + *Treculii* + *Milberti* + *Harlani* + *Smithii* + *Ayresii* + *Copei* + *huronensis* + *Lesueurii* + *Elisabeth* + *Lamarii* + *Clintonii* + *Troostii* + *Piquotianus* + *Horatii* + *Thompsonii* + *louisianensis* + *otarius* + *gracilis* + *leptorhynchus* + *semiradiatus*, A. Duméril, Hist. nat. Poissons, *v.* 2 p. 325, 327—333, 335—343, 345, 369 t. 19 f. 4 (Schuppen) und t. 21 f. 1 (Kopf von oben), 1a (Kopf von der Seite), 1b (Zähne) (*L. Harlani*); t. 22 f. 2 (Kopf von oben), 2a (Kopf von der Seite), 2b (Zähne) (*L. huronensis*); t. 22 f. 3 (Schnauzenspitze von unten) (*L. louisianensis*) | 1870 *L. osseus* + *huronensis*, Alb. Günther, Cat. Fish. Brit. Mus., *v.* 8 p. 330 | 1882 *L. o.*, D. S. Jordan & Gilbert in: Bull. U. S. Mus., *v.* 16 p. 91 | 1896 *Lepisosteus (Lepisosteus) o.*, D. S. Jordan & Evermann,

ibid., *v.* 47 p. 109 | 1911 *L. huronensis* + *osseus* + *treculii* + *clintonii*, H. W. Fowler in: P. Ac. Philad., *v.* 62 p. 605, 606 t. 38 f. 2 (*L. huronensis*, Kopf von der Seite); f. 3, 4 (*L. osseus*, Kopf von oben); f. 5 (*L. treculii*, Kopf von der Seite); f. 6 (*L. clintonii*, Kopf von der Seite).

D. 7—8 (selten 9); A. 8—9 (selten 7 oder 10); in der Seitenlinie 58—66 Schuppen. Die Körperhöhe ist in der Körperlänge 12mal enthalten, die Kopflänge, gemessen von der Schnauzenspitze bis zum Occipitale, $2^1/_2$—$3^1/_5$ mal. Die Schnabellänge ist etwas mehr als doppelt so lang wie der restliche Teil des Kopfes; die Breite des Schnabels ist 15—20-mal in seiner Länge enthalten. Die Färbung ist oliv, olivgrau, grau, oberseits dunkel, an den Körperseiten heller werdend; bauchseits ist sie weißlich, manchmal silberig. Der hintere Teil des Körpers und die unpaaren Flossen zeigen runde schwärzliche Flecke, die einerseits bei den mehr südlich vorkommenden, andererseits bei jugendlichen Exemplaren schärfer hervortreten. Ganz junge Tiere zeigen ein schwärzliches Lateralband. L. bis 1,53 m.

Flüsse und die großen Seen der Vereinigten Staaten von Amerika, von Vermont bis zum Rio Grande.

Diese Art zerfällt in 2 Unterarten.

1a. **L. (L.) osseus osseus** (L.) 1758 *Esox o.*, Linné, Syst. Nat., ed. 10 p. 313.

Die Augen sind groß; ihr Durchmesser ist größer als die Hälfte des Abstandes zwischen Augenhinterrand und Operculum (Fig. 48).

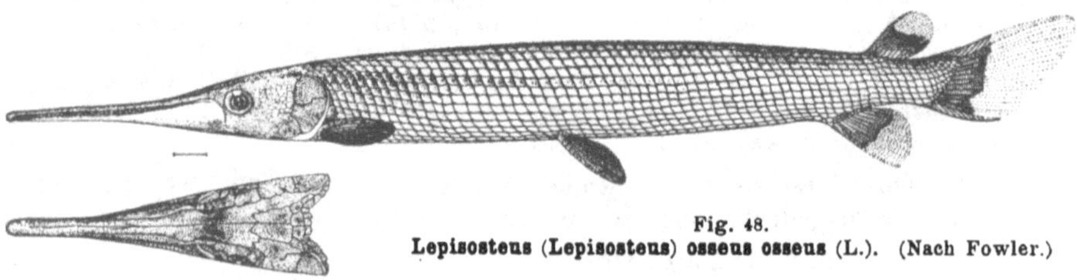

Fig. 48.
Lepisosteus (**Lepisosteus**) **osseus osseus** (L.). (Nach Fowler.)

Flüsse und die großen Seen der Vereinigten Staaten von Nordamerika, von Vermont bis zum Rio Grande.

1b. **L. (L.) osseus treculii** (A. Dum.) 1870 *Lepidosteus Treculii* + *L. Clintonii*, A. Duméril, Hist. nat. Poissons, *v.* 2 p. 327, 328 | 1911 *Lepisosteus t.* + *L. c.*, H. W. Fowler in: P. Ac. Philad., *v.* 62 p. 606.

Fig. 49.
Lepisosteus (**Lepisosteus**) **osseus treculii** (A. Dum.). (Nach Fowler.)

Die Augen sind klein; ihr Durchmesser ist im Abstand des Augenhinterrandes vom Operculum mehr als zweimal enthalten (Fig. 49).

Vereinigte Staaten von Nordamerika: Delaware und Ohio River.

b) Subgen. **Cylindrosteus** Raf.

1820 *C.*, Rafinesque, Ichthyol. Ohiens., p. 72 | 1870 *Lepidosteus* (part.) + *C.*, A. Duméril, Hist. nat. Poissons, *v.* 2 p. 322, 346 | 1870 *L.* (part.), Alb. Günther, Cat. Fish. Brit. Mus., *v.* 8 p. 328 | 1882 *L.* (part), D. S. Jordan & Gilbert in: Bull. U. S.

Mus., *v.* 16 p. 90 | 1896 *Cylindrosteus*, D. S. Jordan & Evermann, ibid., *v.* 47 p. 110 | 1911 *C.* (part.), H. W. Fowler in: P. Ac. Philad., *v.* 62 p. 605.

Im Oberkiefer stehen die großen Zähne in einer Reihe; der Schnabel ist nur wenig länger als der restliche Teil des Kopfes.

1 Art, die in 2 Unterarten zerfällt.

2. **L. (C.) platostomus** Raf. 1820 *L. (C.) p.* + *Albus*, Rafinesque, Ichthyol. Ohiens., p. 72, 73 | 1836 *Lepidosteus grayi*, L. Agassiz, Rech. Poissons foss., *v.* 2 p. 2 | 1842 *Lepisosteus platyrhincus*, De Kay in: Nat. Hist. N. York, Zool. *v.* 1 p. 273 | 1858 *Lepidosteus latirostris*, C. Girard in: Rep. Expl. Railroad Pacif. Ocean, *v.* 10 p. 352 | 1864 *L. oculatus*, Winchell in: P. Ac. Philad., p. 183 | 1865 *Cylindrosteus productus*, E. D. Cope, ibid., p. 86 | 1870 *C. platystomus* + *platyrhinchus* + *Agassizii* + *Rafinesquii* + *Zadockii* + *Castelnaudii* + *Bartonii* + *Lepidosteus productus* + *Cylindrosteus latirostris* + *Lepidosteus (Cylindrosteus) albus* + *Lepidosteus Grayi* + *Cylindrosteus oculatus*, A. Duméril, Hist. nat. Poissons, *v.* 2 p. 349—358 t. 19 f. 5 (Schuppen) und t. 21 f. 2 (Kopf von oben), 2a (Kopf von der Seite), 2b (Zähne) *(C. Castelnaudii)* | 1882 *Lepidosteus platystomus*, D. S. Jordan & Gilbert in: Bull. U. S. Mus., *v.* 16 p. 91 | 1896 *Lepisosteus (Cylindrosteus) platostomus*, D. S. Jordan & Evermann, ibid., *v.* 47 p. 110 t. 22 f. 49 | 1911 *Cylindrosteus p.* + *scabriceps* + *productus* + *agassizii* + *castelnaudii*, H. W. Fowler in: P. Ac. Philad., *v.* 62 p. 606 t. 38 f. 7 (Kopf von der Seite); p. 607 t. 38 f. 8, 9 (Kopf von oben); p. 609 t. 38 f. 10, 11 (Kopf von oben); p. 609 t. 38 f. 12 (Kopf von der Seite); p. 609 t. 38 f. 13 (Kopf von der Seite), 14 (Schnauze von oben).

D. 7—9; A. 7—9; in der Seitenlinie 55—63 Schuppen. Die Körperhöhe ist 8 mal, die Kopflänge $2^4/_5$—$3^3/_5$ mal in der Körperlänge enthalten. Die Länge des Schnabels ist gewöhnlich um $^1/_3$ ihres Maßes länger als der restliche Teil des Kopfes, manchmal ist sie demselben in der Länge gleich. Die Färbung ist olivgrau, olivbraun oder dunkelgrau, am Rücken dunkler, an den Körperseiten heller; bauchseits ist sie weißlich, die unpaaren Flossen tragen mehr oder weniger deutlich hervortretende dunkle bis schwärzliche, rundliche Flecke. L. bis 600 mm.

Vereinigte Staaten von Nordamerika: Die großen Seen und die westlich und südlich gelegenen Flüsse.

Diese Art zerfällt in 2 Unterarten.

2a. **L. (C.) platostomus platostomus** Raf. 1820 *L. (C.) p.*, Rafinesque, Ichthyol. Ohiens., p. 72.

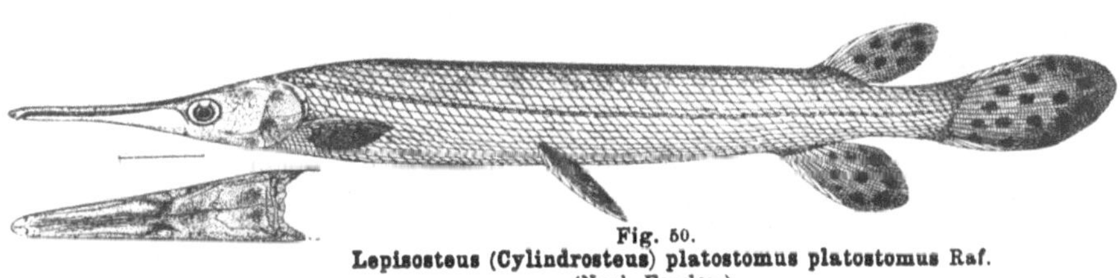

Fig. 50.
Lepisosteus (Cylindrosteus) platostomus platostomus Raf.
(Nach Fowler.)

Die Augen sind groß; ihr Durchmesser ist größer als die Hälfte des Abstandes zwischen Augenhinterrand und Operculum: Der Augendiameter ist diesem Abstand $1^3/_5$—$1^7/_8$ mal enthalten (Fig. 50).

Vereinigte Staaten von Nordamerika: Die großen Seen und die westlich und südlich gelegenen Flüsse.

2b. **L. (C.) platostomus castelnaudii** A. Dum. 1858 ? *Lepidosteus latirostris*, C. Girard in: Rep. Expl. Railroad Pacif. Ocean, *v.* 10 p. 352 | 1870 *Cylindrosteus*

Castelnaudii + *Bartonii* + *?l.*, A. Duméril, Hist. nat. Poissons, *v.* 2 p. 355 t. 19 f. 5 (Schuppen) & t. 21 f. 2 (Kopf von oben), 2a (Kopf von der Seite), 2b (Zähne); p. 356, 357 | 1911 *C. c.*, H. W. Fowler in: P. Ac. Philad., *v.* 62 p. 609 t. 38 f. 13 (Kopf von der Seite), 14 (Schnauze von oben).

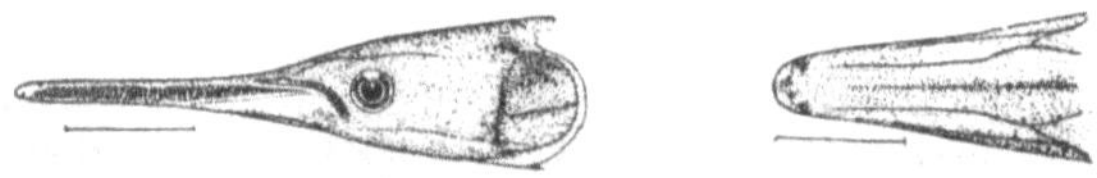

Fig. 51.
Lepisosteus (Cylindrosteus) platostomus castelnaudii A. Dum. (Nach Fowler.)

Die Augen sind klein; ihr Durchmesser ist im Abstand des Augenhinterrandes vom Operculum $2^1/_4$ mal enthalten (Fig. 51).

Westküsten von Florida.

c) Subgen. **Litholepis** Raf.

1801 *Esox* (part.), M. E. Bloch & J. G. Schneider, Syst. Ichthyol., p. 390 | 1803 *Lepisosteus* (part.), Lacépède, Hist. Poissons, *v.* 5 p. 331 | 1818 *Litholepis*, Rafinesque in: Amer. monthly Mag., *v.* 3 p. 447 | 1820 *Atractosteus*, Rafinesque, Ichthyol. Ohiens., p. 72, 86 | 1839 *Litholepes*, W. Swainson, Hist. Classif. Fish., *v.* 2 p. 187 & 297 | 1870 *Atractosteus* A. Duméril, Hist. nat. Poissons, *v.* 2 p. 359 | 1870 *Lepidosteus* (part.), Alb. Günther, Cat. Fish. Brit. Mus., *v.* 8 p. 328 | 1882 *Litholepis*, D. S. Jordan & Gilbert in: Bull. U. S. Mus., *v.* 16 p. 92 | 1896 *Atractosteus*, D. S. Jordan & Evermann, ibid., *v.* 47 p. 111 | 1911 *Cylindrosteus* (part.), H. W. Fowler in: P. Ac. Philad., *v.* 62 p. 605.

Im Oberkiefer stehen die großen Zähne in 2 Reihen; der Schnabel ist nicht länger als der restliche Teil des Kopfes.

1 Art, die in 3 Unterarten zerfällt.

3. **L. (L.) tristoechus** (Bl. & J. G. Schn.) 1801 *Esox t.*, M. E. Bloch & J. G. Schneider, Syst. Ichthyol., p. 395 | 1803 *Lepisosteus spatula*, Lacépède, Hist. Poissons, *v.* 5 p. 333 | 1818 *Litholepis adamantinus*, Rafinesque in: Amer. monthly Mag., *v.* 3 p. 447 | 1820 *Lepisosteus spatula* + *L. (Atractosteus) ferox* + *Litholepis adamantinus*, Rafinesque, Ichthyol. Ohiens., p. 75, 71, 76 | 1854 *Lepidosteus manjuarii*, Poey, Mem. Cuba, *v.* 1 p. 273 | 1858 *L. (Atractosteus) berlandieri*, C. Girard in: Rep. Expl. Railroad Pacif. Ocean, *v.* 10 p. 353 | 1863 *Atractosteus tropicus*, T. Gill in: P. Ac. Philad., p. 172 | 1870 *A. spatula* + *tristoechus* + *lucius* + *ferox* + *tropicus* + *Bocourti* (t. 22 f. 1, 1a, 1b) + *A. Berlandieri*, A. Duméril, Hist. nat. Poissons, *v.* 2 p. 361 t. 24 f. 7 (Schuppen der Seitenlinie); p. 362 t. 19 f. 6 (Schuppen) und t. 21 f. 3 (Kopf von oben), 3a (Kopf von der Seite), 3b (Zähne); p. 364, 366, 367 t. 22 f. 1, 1a (Kopf von oben), 1b (Schuppen) (sub nom. *A. Bocourti*); p. 368 | 1870 *Lepidosteus viridis* (non *Esox v.*, Gmelin), Alb. Günther, Cat. Fish. Brit. Mus., *v.* 8 p. 329 | 1882 *Litholepis tristoechus*, D. S. Jordan & Gilbert in: Bull. U. S. Mus., *v.* 16 p. 92 | 1896 *Lepisosteus (Atractosteus) t.* + *tropicus*, D. S. Jordan & Evermann, ibid., *v.* 47 p. 111 t. 22 f. 50 *(L. (A.) tristoechus)* | 1911 *Cylindrosteus megalops* + *tristoechus* + *tropicus*, H. W. Fowler in: P. Ac. Philad., *v.* 62 p. 609 t. 38 f. 15, 16 (Schnauze von oben); p. 611 t. 38 f. 17 (Kopf von der Seite); p. 611 t. 38 f. 18 (Kopf von der Seite).

D. 7—8; A. 7—8; in der Seitenlinie 53—63 Schuppen; die Körperhöhe ist in der Körperlänge 7—8 mal enthalten, die Kopflänge $2^9/_{10}$—$3^2/_3$ mal. Die Schnabellänge ist kürzer als der restliche Teil des Kopfes, höchstens sind beide gleichlang. Die Breite des Schnabels ist $3^1/_3$—$4^3/_4$ mal in seiner Länge enthalten. Die Färbung ist grünlicholiv oder olivgrau, oberseits dunkel, an den Körperseiten heller werdend; bauchseits ist sie weißlich; erwachsene, alte Exemplare zeigen gewöhnlich keinerlei Zeichnung, jugendliche

Tiere sind am rückwärtigen Teil des Körpers und auf den unpaaren Flossen dunkel und rundlich gefleckt. L. bis 3 m.

Flüsse der südlichen Vereinigten Staaten, Mexiko, Cuba und Zentralamerika. Diese Art zerfällt in 3 Unterarten.

3a. **L. (L.) tristoechus tristoechus** (Bl. & J. G. Schn.) 1801 *Esox t.*, M. E. Bloch & J. G. Schneider, Syst. Ichthyol., p. 395 | 1882 *Litholepis t.* (part.), D. S. Jordan & Gilbert in: Bull. U. S. Mus., *v.* 16 p. 92 | 1911 *Cylindrosteus t.*, H. W. Fowler in: P. Ac. Philad., *v.* 62 p. 611 t. 38 f. 17 (Kopf von der Seite).

Fig. 52.
Lepisosteus (Litholepis) tristoechus tristoechus (Bl. & J. G. Schn.). (Nach Fowler.)

L. lat. 61—63. Die Augen sind klein; ihr Durchmesser ist im Abstand des Augenhinterrandes vom Operculum $2^2/_5$—$2^7/_8$ mal enthalten (Fig. 52).

Flüsse der südlichen Vereinigten Staaten, Mexiko, Cuba.

3b. **L. (L.) tristoechus tropicus** (Gill) 1863 *Atractosteus tropicus*, T. Gill in: P. Ac. Philad., p. 172 | 1882 *Litholepis tristoechus* (part.). D. S. Jordan & Gilbert in: Bull. U. S. Mus., *v.* 16 p. 92 | 1911 *Cylindrosteus tropicus*, H. W. Fowler in: P. Ac. Philad., *v.* 62 p. 611 t. 38 f. 18 (Kopf von der Seite).

Fig. 53.
Lepisosteus (Litholepis) tristoechus tropicus (Gill). (Nach Fowler.)

L. lat. 53; der Augendurchmesser ist dem halben Abstand des Augenhinterrandes vom Operculum gleich (Fig. 53).

Nicaragua.

3c. **L. (L.) tristoechus megalops** (H. W. Fowler) 1911 *Cylindrosteus m.*, H. W. Fowler in: P. Ac. Philad., *v.* 62 p. 609.

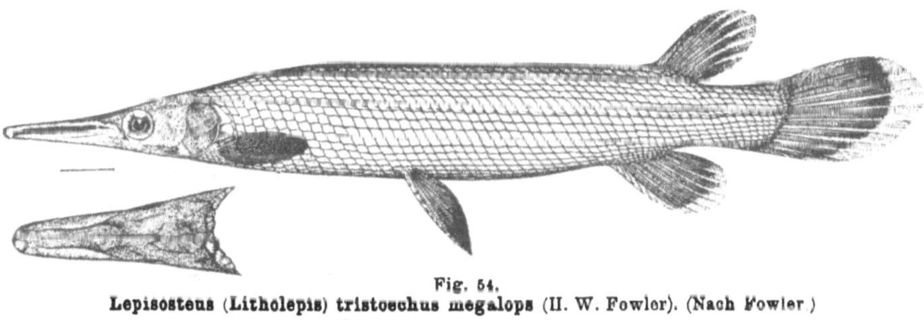

Fig. 54.
Lepisosteus (Litholepis) tristoechus megalops (H. W. Fowler). (Nach Fowler.)

L. lat. 57; die Augen sind groß; ihr Durchmesser ist im Abstand des Augenhinterrandes vom Operculum $1^1/_6$ mal enthalten (Fig. 54).

Bayport, Florida.

Lepisosteus sinensis (Bleeker) 1873 *Lepidosteus s.*, Bleeker in: Nederl. Tijdschr. Dierk., *v.* 4 p. 154.

Die Körperhöhe ist in der Körperlänge $9^1/_2$ mal enthalten. Der praeoculare Teil des Kopfes ist in der Länge des Körpers 4 mal enthalten. In der Seitenlinie 50? Schuppen. Körper- und Flossenfärbung veilchenfarbig. L. ?

China.

Diese Art wurde von Bleeker nach einem chinesischen Bild aufgestellt.

C. Subord. **Cycloganoidei**

1838 *Cycloidei (Cyprini)* (part.), Bonaparte in: N. Ann. Bologna, *v.* 2 p. 132 | 1845 *Ganoidei* (part.), Bonaparte in: Atti Sci. Ital., *v.* 6 p. 387 | 1846 *Sauroidei* (part)., Bonaparte, Cat. Pesci Eur., p. 4 | 1850 *Lepidostei* (part.), Bonaparte, Consp. Syst. Ichthyol. | 1852 *Ganolepidoti (Holostei)* (part.), Hoeven. Handb. Zool., ed. 2 *v.* 2 p. 81 | 1861 *Amiadae*, Huxley in: Mem. geol. Surv. U. Kingdom, dec. 10 p. 28 | 1866 *Cycliferi (Cycloganoides)* + *Pycnoscolopes*, Haeckel. Gen. Morphol., *v.* 2 p. CXXV, CXXVI | 1870 *Holostei* (part.), Alb. Günther, Cat. Fish. Brit. Mus., *v.* 8 p. 324 | 1872 *Cycloganoidei*, T. Gill in: Smithson. Collect., *v.* 11 p. 21 | 1872 *Osteoganoidea* (part.) + *Cyclifera* (part.), Schmarda, Zool., *v.* 2 p. 313, 314 | 1873 *Homocerci*, Fitzinger in: SB. Ak. Wien, *v.* 67 I p. 50 | 1882 *Halecomorphi*, D. S. Jordan & Gilbert in: Bull. U. S. Mus., *v.* 16 p. 92 | 1889 *Physostomi* (part.) + *Halecomorphi*, E. D. Cope in: Amer. Natural., *v.* 23 p. 856, 857 | 1895 *Amiacei (Amioidei)*, Haeckel, Syst. Phyl., *v.* 3 p. 251 | 1896 *Holostei* (part.) + *Cycloganoidea*, D. S. Jordan & Evermann in: Bull. U. S. Mus., *v.* 47 p. 107, 111 | 1907 *Lepidosteoidei* (part.) + *Protospondyli* (part.) + *Halecomorphi*, W. K. Gregory in: Ann. N. York. Ac., *v.* 17 p. 448 | 1932 *Cycloganoidea*, Grobben in: Claus-Grobben-Kühn, Lehrb. Zool., ed. 10 p. 932.

Ganoidei mit knöchernem Skelett. Der Körper wird von dünnen Cycloidschuppen, bei denen das Ganoin nur spärlich vertreten ist, bedeckt. Die Wirbel sind amphicoel. Die Schwanzflosse ist heterocerk. Die Fulcren an den Flossen fehlen vollkommen. Die Kiefer sind normal entwickelt und stark bezahnt. Spritzlöcher, Pseudobranchien und Opercularkiemen fehlen. Die Kiemenhautstrahlen sind in großer Anzahl vorhanden. Zwischen den Unterkieferästen findet sich eine große Jugularplatte. Die Schwimmblase ist zellig und lungenähnlich. Die Spiralklappe des Darmes ist rudimentär. Die den Eiern entschlüpften Jungen besitzen einen großen Dottersack und eine vor dem Munde gelegene, mit zahlreichen Papillen besetzte Haftscheibe.

1 Familie mit 1 Gattung und 1 Art.

1. Fam. **Amiidae**

1806 *„Cylindrosomes“* (part.), C. Duméril, Zool. anal., p. 138 | 1825 *Clupeoides* (part.) + Trib. *Armicipites* (part.), Latreille, Fam. Règne an., p. 120 | 1832 *Clupeidae* (part.) + *Amini* (part.), Bonaparte in: Giorn. arcad., *v.* 49 p. 36 | 1838 *Amidae* + *Amini*, Bonaparte in: N. Ann. Bologna, *v.* 2 p. 132 | 1846 *Amiidae* + *Amiini*, Bonaparte, Cat. Pesci Eur., p. 4 | 1852 *Sauroidei* (part.), Hoeven, Handb. Zool., ed. 2 *v.* 2 p. 81 | 1870 *Amiadae*, A. Duméril, Hist. nat. Poissons, *v.* 2 p. 398 | 1870 *Amiidae*, Alb. Günther, Cat. Fish. Brit. Mus., *v.* 8 p. 324 | 1872 *Amiida*, Schmarda, Zool., *v.* 2 p. 315 | 1873 *Amiae*, Fitzinger in: SB. Ak. Wien, *v.* 67 I p. 51 | 1882 *Amiidae*, D. S. Jordan & Gilbert in: Bull. U. S. Mus., *v.* 16 p. 92 | 1896 *A.*, D. S. Jordan & Evermann, ibid., *v.* 47 p. 112 | 1932 *Amiatidae*, Grobben in: Claus-Grobben-Kühn, Lehrb. Zool., ed. 10 p. 933.

Mit den Merkmalen der Unterordnung.

1 Gattung mit 1 Art.

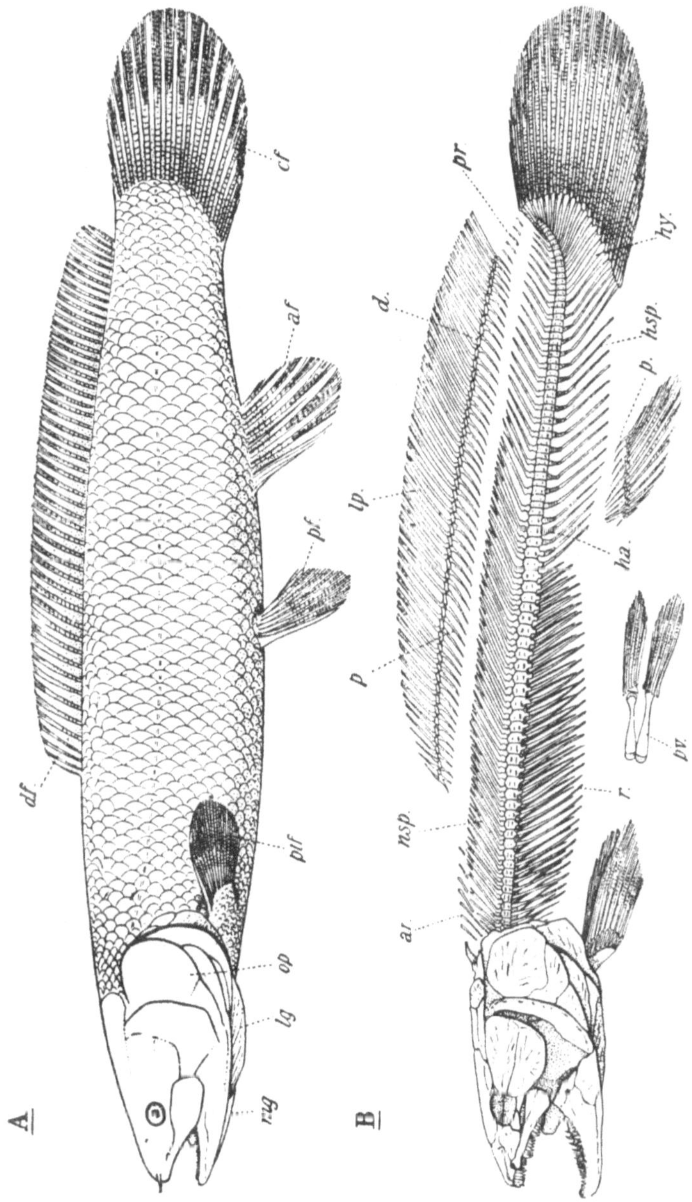

Fig. 55.
Amia calva L. A von der Seite; B Skelett: *df* Dorsale, *mg* Gulare, *lg* laterale Gularia, *op* Operculum, *ptf* Pectorale, *pf* Ventrale, *af* Anale, *cf* Caudale, *ar* vordere dorsale Radien; *nsp* Neuraldornen, *p* proximale Segmente der Radien, *lp* Lepidotrichia, *d* distale Segmente der Radien, *pr* hintere dorsale Radien, *hy* Hypuralbögen, *hsp* Haemaldornen, *ha* Haemalbögen, *pv* Beckenknochen, *r* Rippen. (Nach Goode aus Goodrich.)

1. Gen. **Amia** L.

1766 *A.*, Linné, Syst. Nat., ed. 12 *v.* 1 p. 500 | 1815 *Amiatus*, Rafinesque, Anal. Nat., p. 88 | 1896 *Amia*, D. S. Jordan & Evermann in: Bull. U. S. Mus., *v.* 47 p. 112.

Der Körper ist langgestreckt, vorn rundlich, hinten seitlich kompreß. Der Kopf ist schwach konisch und ein wenig depreß, die Schnauze ist kurz und rundlich abgestumpft. Die Kiefer sind nahezu gleichlang. Die Mundspalte liegt fast horizontal, die Mundwinkel liegen unterhalb der kleinen

Augen. Im Oberkiefer steht eine Reihe spitzer, konischer Zähne, im Unterkiefer eine ebensolche Reihe und dahinter ein Band kleiner Raspelzähne. Pflugscharbein und Pterygoide mit Bändern kleiner Zähnchen. Am Palatinum findet sich eine Reihe größerer, spitzer Zähne. Die Kiemenhäute sind nicht miteinander verbunden und frei vom Isthmus. Der Isthmus ist unbeschuppt. Die Kiemendornen sind stark und sehr kurz. Die Seitenlinie ist vorhanden.

Süßgewässer der Vereinigten Staaten von Amerika.

1 Art.

A. calva L. 1766 *A. c.*, Linné, Syst. Nat., ed. 12 *v.* 1 p. 500 | 1815 *Amiatus c.*, Rafinesque, Anal. Nat., p. 88 | 1836 *Amia ocellicauda*, J. Richardson in: Fauna Bor.-Amer., *v.* 3 p. 236 | 1842 *A. occidentalis*, De Kay in: Nat. Hist. N. York, Zool. *v.* 1 p. 269 | 1846 *A. marmorata* + *ocellicauda* + *canina* + *lintiginosa* + *subcoerulea* + *occidentalis* + *cinerea* + *subcoerulea*, G. Cuvier & Valenciennes, Hist. Poissons, *v.* 19 p. 412 t. 577; p. 422, 424, 426, 427, 427, 430 | 1846 *A. ornata* + *viridis* + *reticulata*, Le Sueur MS in: G. Cuvier & Valenciennes, ibid., *v.* 19 p. 420, 421, 431 | 1870 *A. marmorata* + *ocellicauda* + *Thompsonii* + *ornata* + *canina* + *lentiginosa* + *occidentalis* + *Piquotii* + *reticulata* + *cinerea* + *subcoerulea* + *viridis*, A. Duméril, Hist. nat. Poissons, *v.* 2 p. 418—425 t. 25 f. 1 (Kopf von der Seite), 2 (Kopf von oben) *(A. reticulata)* | 1870 *A. calva*, Alb. Günther, Cat. Fish. Brit. Mus., *v.* 8 p. 325 | 1882 *A. c.*, D. S. Jordan & Gilbert in: Bull. U. S. Mus., *v.* 16 p. 94 | 1896 *A. c.*, D. S. Jordan & Evermann, ibid., *v* 47 p. 113 t. 22 f. 51, 51a (Skelett des Schwanzes).

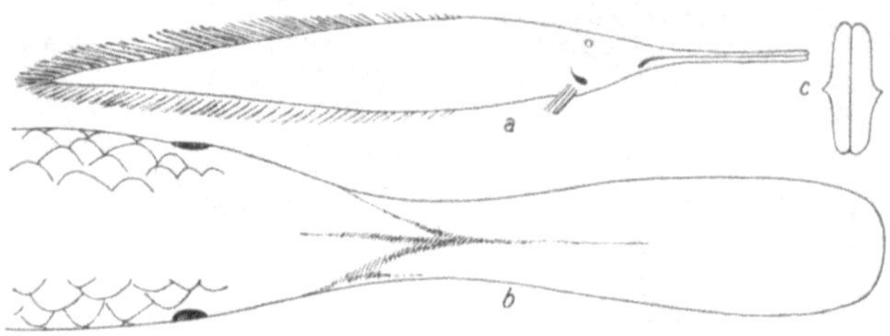

Fig. 56.
Ompax spatuloides Cast. (Nach Castelnau.)

D. 42—53; A. 10—12; in der Seitenlinie 65—70 Schuppen. Sonst mit den Merkmalen der Gattung. Die Färbung ist oberseits dunkeloliv bis schwärzlich, an den Körperseiten heller werdend; bauchseits ist sie weißlich. An den Körperseiten mit dunklen undeutlichen Flecken; der Unterkiefer und die Gularplatte zeigen oft schwärzliche, rundliche Tupfen. Die Flossen sind meist dunkeloliv und auf diesem Grunde manchmal unregelmäßig dunkler gefleckt. Die Männchen tragen am oberen Teil der Schwanzflossenbasis einen runden schwarzen Fleck, der orange oder gelblich gesäumt erscheint. L. ♂ bis 550 mm, ♀ bis 730 mm (Fig. 55).

Die großen Seen der Vereinigten Staaten von Amerika, und die langsam fließenden Gewässer von Minnesota bis Virginia, Florida und Texas.

Ompax spatuloides Cast. 1879 *O. s.*, F. Castelnau in: P. Linn. Soc. N. S. Wales, *v.* 3 p. 165 t. 19A f. 1, 2 (Kopf von oben), 3 (Querschnitt durch die Schnauze).

Diese äußerst fragliche Form wurde von Castelnau nach einer sehr primitiven Zeichnung aufgestellt und seiner Meinung nach dürfte sie mit *Atractosteus* verwandt sein, also zu den *Rhomboganoidei* gehören. Die Zeichnung selbst ließ ein Herr vom Museum in Brisbane nach einem Fisch, der ihm zum Frühstück aufgetragen wurde und den er, anstatt die Type der Wissenschaft zu erhalten, auch zum Frühstück aß, anfertigen (Fig. 56).

Burnett River, Australien.

Alphabetisches Register

Nomenclator generum et subgenerum

von W. F. Reinig

Accipenser [pro *Acipenser* Linné 1758] A. Gouan 1770, Hist. Pisc., p. 12, 13.

Acipense [pro *Acipenser* Linné 1758] Antipa 1909, Fauna Ichtiol. Românici, p. 254.

Acipenser Linné 1758, Syst. Nat., ed. 10 p. 196, 237. Spec.: *A. Sturio*, *ruthenus*, *Huso*, *Plecostomus*.

Acipensos [pro *Acipenser* Linné 1758] H. Linck 1790 in: Mag. N. Phys. Naturg., *v.* 6 p. 37.

Aciponser [pro *Acipenser* Linné 1758] Drensky 1924 in: Trav. Soc. Bulgare, *v.* 11 p. 52.

Amia L. Gronovius 1763, Zoophyl., *v.* 1 p. 28, 80. Non bin. Pisc. Teleost.

Amia Linné 1766, Syst. Nat., ed. 12 *v.* 1 p. 500. Spec.: *A. calva*.

Amia P. Browne 1789, Hist. Jamaica, ed. 2 p. 442. Non bin. Pisc. Teleost.

Amia pro *Apogon* Lacépède 1802 L. Gronow 1854, Cat. Fish Brit. Mus., p. 178. Pisc. Teleost.

Amiatus pro *Amia* Linné 1766 Rafinesque 1815, Anal. Nat., p. 88.

Antacaeus subgen. ad *Acipenser* Linné 1758 J. F. Brandt 1869 in: Bull. Ac. St.-Pétersb., *v.* 14 p. 172. Spec.: *Acipenser (A.) Güldenstaedtii*, *Baerii*, *Schrenckii*, *Naccarii*, *Sturio*.

Antaceus (*Antacei*, Abtheilung von *Acipenser* Linné 1758) Heckel & Fitzinger 1836 in: Ann. Wien. Mus., *v.* 1 p. 270, 292. Spec.: *Acipenser (A.) Schypa*, *Güldenstädtii*.

Atractosteus subgen. ad *Lepisosteus* Lacépède 1803 Rafinesque 1820, Ichthyol. Ohiens., p. 75. Spec.: *Lepisosteus (A.) ferox*.

Cylindrosteus subgen. ad *Lepisosteus* Lacépède 1803 Rafinesque 1820, Ichthyol. Ohiens., p. 72. Spec.: *Lepisosteus (C.) platostomus*, *Albus*, *oxyurus*, *longirostris*.

Dinectur [pro *Dinoctus* Rafinesque 1818] Rafinesque 1818 in: Amer. monthly Mag., *v.* 4 p. 107.

Dinectus [pro *Dinoctus* Rafinesque 1818] Rafinesque 1820, Ichthyol. Ohiens., p. 79, 80, 82.

Dinoctus Rafinesque 1818 in: Amer. monthly Mag., *v.* 3 p. 447. Spec.: *D. truncatus*.

Esox Linné 1758, Syst. Nat., ed. 10 p. 243, 313. Spec.: *E. Sphyraena*, *osseus*, *Vulpes*, *Synodus*, *Lucius*, *Hepsetus*, *Bellone*, *brasiliensis*, *gymnocephalus*.

Gladostomus nom. nov. subgen. pro *Helops* J. Müller 1835 Holly 1936 in: Tierreich, *v.* 67 p. 31.

Helops J. C. Fabricius 1775, Syst. Ent., p. 257. Col. Tenebr.

Helops P. Browne 1789, Hist. Jamaica, ed. 2 p. 445. Pisc. Teleost.

Helops subgen. ad *Sturio* G. Edwards 1771 J. Müller 1835, Vergl. Anat. Myxinoiden, p. 9.

Helops pro *Elops* Linné 1766 L. Agassiz 1846, Nomencl. zool., Index p. 136. Pisc. Teleost. Clupeid.

Hemiscaphirhynchus subgen. ad *Pseudoscaphirhynchus* Nikolski 1900 L. S. Berg 1911 in: Faune Russie, Poissons *v.* 1 p. 309, 310. Spec.: *H. (P.) kaufmanni*.

Huso J. F. Brandt 1833 in: J. F. Brandt & Ratzeburg, Med. Zool., *v.* 2 p. 3, 4. Non bin.

Huso subgen. ad *Acipenser* Linné 1758 J. Müller 1835, Vergl. Anat. Myxinoiden, p. 9.

Huso L. S. Berg 1904 in: Zool. Anz., *v.* 27 p. 665. Spec.: *H. huso, dauricus.*

Kessleria M. Nowicki 1864, Microlep., p. 12. Microlep. Yponomeut.

Kessleria Bogdanow 1882, Oase Chiwa, t. 2 f. 3. Spec.: *K. fedtschenkoi.*

Lepidosteus pro *Lepisosteus* Lacépède 1803 Carl D. E. Koenig 1825, Icon. Foss. sect., t. 12.

Lepisosteus Lacépède 1803, Hist. Poissons, *v.* 5 p. 331. Spec.: *L. gavial, spatula, robolo.*

Lioniscus (*Lionisci*, Abtheilung von *Acipenser* Linné 1758) Heckel & Fitzinger 1836 in: Ann. Wien. Mus., *v.* 1 p. 270. Spec.: *Acipenser (L.) glaber.*

Litholepes [pro *Litholepis* Rafinesque 1818] W. Swainson 1839, Hist. Classif. Fish., *v.* 2 p. 187, 297.

Litholepis subgen. ad *Lepisosteus* Lacépède 1803 Rafinesque 1818 in: Amer. monthly Mag., *v.* 3 p. 447. Spec.: *L. adamantinus.*

Macrognathus Lacépède 1800, Hist. Poissons, *v.* 2 p. 283. Spec.: *M. aculeatus, armatus.*

Macrognathus subgen. ad *Lucanus* J. Scopoli 1763 (C. H. Burmeister MS) in: F. Hope 1845, Cat. Lucanoid Col., p. 5. Col. Scarab. Lucan.

Macrognathus Alb. Günther in: Gronow 1854, Cat. Fish Brit. Mus., p. 147. Spec.: *M. scolopax, loricatus, brevirostris.*

Macrognatus [pro *Macrognathus* Lacépède 1800] C. Duméril 1806 [1805], Zool. anal., p. 338.

Megarhinus pro *Platirostra* Lesueur 1818 Rafinesque 1820, Ichthyol. Ohiens., p. 79, 83, 87.

Megrhinus (nom. nud.) Rafinesque 1818 in: Amer. monthly Mag., *v.* 4 p. 107.

Ompax F. Castelnau 1879 in: P. Linn. Soc. N. S. Wales, *v.* 3 p. 165. Spec.: *O. spatuloides.*

Parascaphirhynchus S. A. Forbes & R. E. Richardson 1905 in: Bul. Illinois Labor., *v.* 7 p. 38. Spec.: *P. albus.*

Parascaphirynchus [pro *Parascaphirhynchus* Forbes & Richardson 1905] J. Sollas 1906 in: Zool. Rec., *v.* 42 Pisc. p. 50.

Parascaphyrhynchus [pro *Parascaphirhynchus* Forbes & Richardson 1905] H. W. Fowler 1911 in: P. Ac. Philad., *v.* 62 p. 604.

Planirostra [pro *Platirostra* Lesueur 1818] Rafinesque 1820, Ichthyol. Ohiens., p. 79, 83, 87.

Platirostra Lesueur 1818 in: J. Ac. Philad., *v.* 1 II p. 227. Spec.: *P. edentula.*

Platyrostra [pro *Platirostra* Lesueur 1818] Cloquet 1826 in: Dict. Sci. nat., *v.* 41 p. 352.

Polyodon Lacépède 1797 in: Bull. Soc. philom., *v.* 1 p. 49. Spec.: „*P. feuille*".

Proceros Rafinesque 1820, Ichthyol. Ohiens., p. 87. Spec.: *P. maculatus.*

Psephurus Alb. Günther 1873 in: Ann. nat. Hist., ser. 4 *v.* 12 p. 250. Spec.: *P. gladius.*

Pseudoscaphirhynchus Nikolski 1900 in: Annuaire Mus. St.-Pétersb., *v.* 5 p. 257. Spec.: *P. fedtschenkoi, kaufmanni, rossikowi.*

Sarchirus Rafinesque 1818 in: J. Ac. Philad., *v.* 1 II p. 418 et Amer. monthly Mag., *v.* 4 fasc. 1 p. 41. Spec.: *S. Vittatus.*

Scaphirhychops [pro *Scaphirhynchops* T. Gill 1863] D. S. Jordan & Copeland 1877 in: Bull. Buffalo Soc., *v.* 3 p. 161.

Scaphirhynchops pro *Scaphirhynchus* Heckel 1835 T. Gill MS. 1863 in: Hayden in: Tr. Amer. phil. Soc., n. ser. *v.* 12 p. 128, 178.

Scaphirhynchus Heckel 1835 in: Ann. Wien. Mus., *v.* 1 p. 69, 71. Spec.: *S. Rafinesquii.*

Scaphirhyncops [pro *Scaphirhynchops* T. Gill 1863] S. H. Scudder 1882 in: Bull. U. S. Mus., *v.* 19 p. 300.

Scaphirrhynchops [pro *Scaphirhynchops* T. Gill 1863] D. S. Jordan & Gilbert 1882 in: Bull. U. S. Mus., *v.* 16 p. 88. Spec.: *S. platyrrhynchus.*

Scaphirrhynchus [pro *Scaphirhynchus* Heckel 1835] A. O. Shaughnessy 1879 in: Zool. Rec., *v.* 14 Pisc. p. 8.

Scaphorhynchus [pro *Scaphirhynchus* Heckel 1835] L. Agassiz 1846, Nomencl. zool., Index p. 332.

Scaphyrhinchus [pro *Scaphirhynchus* Heckel 1835] N. Zograf 1896 in: Ann. Sci. nat., Zool. ser. 8 *v.* 1 p. 199.

Scathirhynchus [pro *Scaphirhynchus* Heckel 1835] D. S. Jordan & Copeland 1877 in: Bull. Buffalo Soc., *v.* 3 p. 161.

Shipa subgen. ad. *Acipenser* Linné 1758 J. F. Brandt 1869 in: Bull. Ac. St.-Pétersb., *v.* 14 p. 173. Spec.: *A. (S.) Shipa, nudiventris.*

Spatularia G. Shaw 1804, Gen. Zool., *v.* 5 p. 362. Spec.: *S. Reticulata.*

Squalus Linné 1758, Syst. Nat., ed. 10 p. 196, 233. Spec.: *S. Acanthias, Centrina, Spinax. Squatina, Zygaena, Tiburo, Galeus, Canicula, Catulus, stellaris, glaucus, Carcharias, Mustelus, Pristis.*

Sterledus [pro *Sterletus* Brandt & Ratzeburg 1833] J. F. Brandt 1869 in: Bull. Ac. St.-Pétersb., *v.* 14 p. 173.

Sterleta subgen. ad *Acipenser* Linné 1758 J. Müller 1835, Vergl. Anat. Myxinoiden, p. 9.

Sterletus subgen. ad *Acipenser* Linné 1758 Rafinesque 1820, Ichthyol. Ohiens., p. 80. Spec.: *Accipenser (S.) serotinus, ohiensis, macrostomus.*

Sturio G. Edwards 1771 in: Catesby, Nat. Hist. Carolina, revis. ed. *v.* 1 p. XXXIII. Non bin.

Das Tierreich

Eine Zusammenstellung und Kennzeichnung der rezenten Tierformen

Gegründet von der Deutschen Zoologischen Gesellschaft

Im Auftrage der

Preußischen Akademie der Wissenschaften zu Berlin

herausgegeben von

F. E. Schulze (†), W. Kükenthal (†), K. Heider (†)

fortgesetzt von **R. Hesse**

Schriftleiter: **C. Apstein**

„Πάντα ῥεῖ“ *„Sine systemate chaos“*

67. Lieferung

Pisces 4

Ganoidei

bearbeitet von **Maximilian Holly**, Wien

Mit 56 Abbildungen

Berlin und Leipzig 1936

Walter de Gruyter & Co.

vormals G. J. Göschen'sche Verlagshandlung — J. Guttentag, Verlagsbuchhandlung
Georg Reimer — Karl J. Trübner — Veit & Comp.

Ausgegeben im Oktober 1936

Das Tierreich

Eine Zusammenstellung und Kennzeichnung der rezenten Tierformen

Gegründet von der Deutschen Zoologischen Gesellschaft

Im Auftrage der

Preußischen Akademie der Wissenschaften zu Berlin

herausgegeben von

F. E. Schulze (†), W. Kükenthal (†), K. Heider (†)

fortgesetzt von **R. Hesse**

Schriftleiter: **C. Apstein**

Seit Linnés Systema naturae ist die Zahl der bekannten Tierformen so angewachsen, daß eine neue, umfassende Übersicht des Systems, die als Abschluß der bisherigen und als Grundlage künftiger systematischer Forschung dienen kann, ein dringendes Bedürfnis geworden ist. Um diese Aufgabe zu erfüllen, hatte die Deutsche Zoologische Gesellschaft das vorliegende Werk gegründet und dessen wissenschaftliche Leitung Herrn Geh. Reg.-Rat Prof. **F. E. Schulze** in Berlin anvertraut. Das gewaltige Unternehmen fand die Unterstützung der Preußischen Akademie der Wissenschaften, die in Würdigung der Bedeutung des Werkes im Jahre 1902 die Herausgabe übernommen hat.

Die Herausgabe findet in Lieferungen statt, die je eine oder mehrere nahestehende Gruppen behandeln, jedoch unabhängig von einer systematischen Folge erscheinen.

Jede Lieferung ist einzeln käuflich. Dem Umfang entsprechend ist der Preis der Lieferungen verschieden; **jedoch wird den Subskribenten, die sich für die Abnahme von fünf hintereinander erscheinenden Lieferungen verpflichten, ein Nachlaß von zwanzig Prozent des bei Ausgabe der Lieferung festgesetzten Ladenpreises gewährt.**

Für weitere Bände sind folgende Bearbeiter in Aussicht genommen:

Dr. **E. Ahl** in Berlin, Prof. Dr. **W. Arndt** in Berlin, Dr. Graf **C. Attems** in Wien, **R. S. Bagnall** und **Hood** in Oxford, England, Dr. **M. Beier**, Wien, Prof. Dr. **H. Bischoff** in Berlin, Dr. **H. Boschma** in Leiden, Prof. Dr. **L. Breitfuß**, Berlin, Lehrer **H. Gebien** in Hamburg, Dr. **C. E. Hellmayr** in München, Dr. **M. Holly** in Wien, Dr. **K. Jordan** in Tring, Prof. Dr. **C. A. Kofoid** in Berkeley (California), Dr. **H. A. Krauss** in Tübingen, Prof. Dr. **T. Krumbach** in Berlin, Prof. Dr. **H Kuntzen** in Berlin, Prof. Dr. **A. Laubmann** in München, Prof. Dr. **T Mortensen** in Kopenhagen, Dr. **E Neresheimer** in Wien, **W. D. Pierce** in Washington, Prof. Dr. **E. Reisinger** in Köln, Prof. Dr. **L. Rhumbler** in Hannov.-Münden, Lord Dr. **W. Rothschild** in Tring, Dr **F. A. Schilder** in Naumburg/Saale, Direktor Dr. **Sig Thor** in Oslo, Prof. Dr. **E. Stechow** in München, Prof. Dr. **O. Steinböck** in Innsbruck, Dr. **T. Stingelin** in Olten, Konrektor **H Stitz** in Berlin, Prof. Dr. **E. Stresemann** in Berlin, Dr. **G. Ulmer** in Hamburg, **K. Viets** in Bremen.

— Siehe auch S. 3 des Umschlags! —

FSC
www.fsc.org
MIX
Papier | Fördert gute Waldnutzung
FSC® C083411

Zeitfracht Medien GmbH
Ferdinand-Jühlke-Straße 7
99095 Erfurt, Deutschland
produktsicherheit@kolibri360.de